Statische Berechnung von Kesselböden

Von

Dr.-Ing. Maria Eßlinger

Saarbrücken

Mit 21 Abbildungen

Springer-Verlag Berlin Heidelberg GmbH 1952

ISBN 978-3-662-13042-1   ISBN 978-3-662-13041-4 (eBook)
DOI 10.1007/978-3-662-13041-4

Ursprünglich erschienen bei Springer-Verlag O. H. G. in Berlin / Göttingen / Heidelberg 1952

Von der Fakultät für Bauwesen der Technischen Hochschule Darmstadt
zur Erlangung des Grades eines Dr.-Ing. genehmigte Dissertation.
Hauptreferent: Professor Dr.-Ing. K. Klöppel.
Korreferent: Professor Dr.-Ing. G. Mesmer.
Tag der mündlichen Prüfung: 19. 6. 1947.

Herrn Bernhard Seibert

in Dankbarkeit zugeeignet.

Vorwort.

Die Arbeit entstand während meiner Tätigkeit bei der Firma
B. Seibert G. m. b. H. Stahlhoch- und -brückenbau, Saarbrücken
und Aschaffenburg. Ich danke dem Leiter des Aschaffenburger
Werkes, Herrn Dr.-Ing. O. ERDMANN, daß er mich veranlaßt
hat, die Arbeit zu schreiben, sowie für seine Hilfe bei der Aus-
arbeitung.

Mein Dank gilt ferner dem Vorstand des Germanischen Lloyd,
Herrn Professor Dr.-Ing. F. SASS, für seine Unterstützung bei
der Drucklegung des Werkes sowie dem Springer-Verlag für die
gute Ausstattung des Buches.

Saarbrücken, im September 1951.

Maria Eßlinger.

Inhaltsverzeichnis.

Bezeichnungen.

1. Längen und Kräfte.

Abmessungen.

R = Radius des Bodens in cm
r = Radius der Krempe in cm
a = Radius des Mantels in cm
s = Wandstärke in cm
l = Länge der Nietüberlappung in cm
d = Durchmesser eines Durchbruchs in cm
b = Abstand des Krümmungsmittelpunktes der Krempe von der Rotationsachse

Laufende Ordinaten.

ϱ = Abstand eines Schalenpunktes von der Rotationsachse in cm
φ = Winkel zwischen der Schalennormalen und der Rotationsachse
x = Abstand eines Punktes am Kesselmantel vom Anfang in cm

Innere Kräfte.

M = Biegemoment in Meridianebene in cmkg/cm
N = Normalkraft in Meridianebene in kg/cm
Q = Querkraft in Meridianebene in kg/cm
L = Kraft parallel zur Rotationsachse in kg/cm
S = Kraft senkrecht zur Rotationsachse in kg/cm
T = Tangentialkraft in kg/cm
R = Radialkraft der Nietnaht in kg/cm

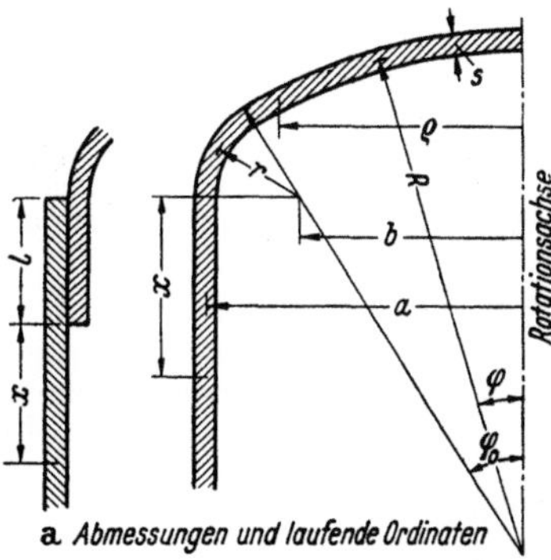

a. Abmessungen und laufende Ordinaten

Deformationsgrößen.

w = Aufweitung senkrecht zur Rotationsachse
χ = Neigungsänderung
ε = Dehnung
E = Elastizitätsmodul in kg/cm²
ν = 0,25 = Querkontraktion

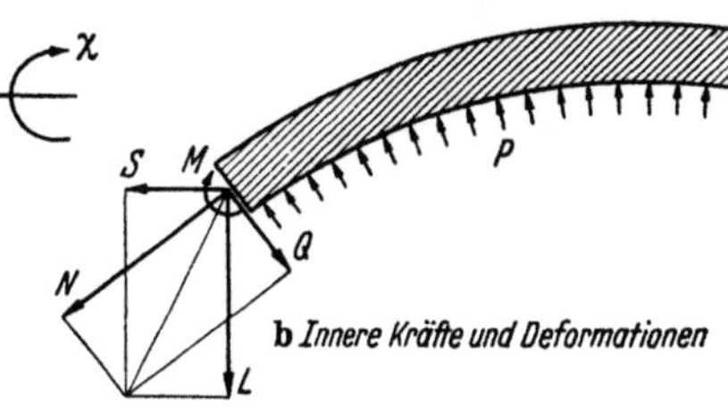

b. Innere Kräfte und Deformationen

Sonstiges.

p = Innendruck in kg/cm²
σ = Spannung in kg/cm²

Abb. 1. Bezeichnungen.

2. Indices.

N = Normal
T = Tangential
r = Randkräfte der Störbelastung
o = Schnittstelle zwischen Boden und Krempe
n = Schnittstelle zwischen Krempe und Mantel
a = Anfangsschnittstelle eines Stufenkörpers
e = Endschnittstelle eines Stufenkörpers
m = Mitte eines Stufenkörpers

i = Innenwand des Kessels
a = Außenwand des Kessels
k = Kesselboden
m = Kesselmantel

3. Integrationskonstante und Abkürzungen.

Am Außenrand belastete Kugelschale.

Z_1', Z_2' = Lösungen der Differentialgleichung
A, B = Integrationskonstante in kg/cm
A_1, A_2 = Beiwerte zur Berechnung von A
B_1, B_2 = Beiwerte zur Berechnung von B
X_a, X_b = Beiwerte zur Berechnung von χ
W_a, W_b = Beiwerte zur Berechnung von w
n_a, n_b = Beiwerte zur Berechnung von N
t_a, t_b = Beiwerte zur Berechnung von T
m_a, m_b = Beiwerte zur Berechnung von M

Am Innenrand belastete Kugelschale.

Z_3', Z_4' = Lösungen der Differentialgleichung
C, D = Integrationskonstante in kg/cm
C_1, C_2 = Beiwerte zur Berechnung von C
D_1, D_2 = Beiwerte zur Berechnung von D
X_c, X_d = Beiwerte zur Berechnung von χ
W_c, W_d = Beiwerte zur Berechnung von w
n_c, n_d = Beiwerte zur Berechnung von N
t_c, t_d = Beiwerte zur Berechnung von T
m_c, m_d = Beiwerte zur Berechnung von M

Stufenkörpermethode.

F_1, F_2, . . = Beiwerte zur Berechnung von S
G_1, G_2, . . = Beiwerte zur Berechnung von M
H_1, H_2, . . = Beiwerte zur Berechnung von χ und w

Kreiszylinderschale.

K_1, K_2, . . = Integrationskonstante
t_q, t_m = Beiwerte zur Berechnung von T
m_q, m_m = Beiwerte zur Berechnung von M
X_1, X_2, . . = Beiwerte zur Berechnung von χ
W_1, W_2, . . = Beiwerte zur Berechnung von w

Formelgrößen.

$$K = \sqrt[4]{3\,(1-\nu^2)} \cdot \sqrt{\frac{R}{s}} \qquad\qquad A^* = K \cdot A$$

$$\lambda = \sqrt[4]{3\,(1-\nu^2)}\,\sqrt{\frac{a}{s}} \qquad\qquad B^* = K \cdot B$$

$$\qquad\qquad\qquad\qquad\qquad\qquad C^* = K \cdot C$$

$$a = \frac{\lambda \cdot l}{a} \qquad\qquad\qquad\qquad D^* = K \cdot D$$

4. Werte, die zur Ableitung der Formeln vorübergehend eingeführt sind.

Kugelschale.

U_1, U_2 = Abkürzungswerte für das Biegemoment am Außenrand der Kugelschale
V_1, V_2 = Abkürzungswerte für das Biegemoment am Innenrand der Kugelschale

Stufenkörpermethode (Abb. 10).

$F = $ Fläche des Stufenkörpers

$J_0 = $ Trägheitsmoment der Stufenkörperfläche um eine Achse s—s senkrecht zur Rotationsachse

$z = $ senkrechter Abstand von der Achse s—s zur Berechnung des Trägheitsmomentes J_0

$r^+ = $ über die Wandstärke veränderlicher Krempenradius zur Berechnung des Trägheitsmomentes J_0

$r_s = $ Abstand des Stufenkörperflächenschwerpunktes von der Mitte der Kreisringschale

$e_1, e_2 .. = $ Abstände am Stufenkörper nach Abb. 10

$$J = \frac{s^3}{12} = \text{Trägheitsmoment des Bleches}$$

Kreiszylinderschale.

$a_1, a_2 = $ Abkürzungswerte zur Berechnung der Deformationen des endlich langen Rohres

$b_1, b_2 = $ Abkürzungswerte zur Berechnung der inneren Kräfte an der Stoßstelle des endlich langen Rohres mit dem halbunendlich langen

Einleitung.

Die ersten Arbeiten über die Berechnung von rotationssymmetrischen Schalen gehen bis zur Mitte des vorigen Jahrhunderts zurück. Einen Überblick über die wichtigsten Veröffentlichungen gibt GECKELER in seinem Bericht[1]. Die von den dort erwähnten Wissenschaftlern gegebenen Ansätze werden entweder nicht bis zu zahlenmäßigen Ergebnissen geführt oder auf einem derart umständlichen Weg, daß diese Rechnungen für den Konstrukteur nicht in Frage kommen.

Für die praktischen Belange ist der Bericht von GECKELER am besten geeignet. GECKELER geht von den bekannten strengen Differentialgleichungen aus und vereinfacht das Rechenverfahren durch Vernachlässigungen und Annahmen, so daß es verhältnismäßig kurz, aber dafür ungenau wird.

Alle erwähnten Arbeiten beschränken sich auf Kessel mit nach außen gewölbten Böden.

In der Praxis werden die Kessel nicht gerechnet, sondern nach Erfahrungswerten dimensioniert. Seit 1930 werden Formeln und Normentafeln benützt, die auf Grund von Spannungsmessungen aufgestellt sind. Diese sind für einfach gewölbte Böden von SIEBEL, für doppelt gewölbte Böden von DIEGEL durchgeführt. In den Formeln wird die größte Spannung im Kesselboden in ein bestimmtes Verhältnis zur Membranspannung gesetzt. Die SIEBELsche Formel berücksichtigt die Bodenreform durch entsprechende Wahl des Koeffizienten. Die DIEGELsche Formel dagegen rechnet bei allen Böden mit demselben Koeffizienten, der als Mittelwert aus Spannungsmessungen an Böden mit den gebräuchlichsten Abmessungen bestimmt wurde.

Ein doppeltgewölbter eingenieteter Kesselboden, dessen Wandstärke nach der DIEGELschen Formel bemessen war, trotzdem die Bodenform ungebräuchliche Abmessungen hatte, verformte sich schon bei der ersten Druckprobe sehr stark. Die Nachrechnung zeigte, daß der Größtwert der Spannung mit etwa 2800 kg/cm^2 tatsächlich an der verformten Stelle lag. So ergab sich aus der Praxis die Forderung, Kessel beliebiger Form rechnerisch zu erfassen.

Die vorliegende Arbeit gibt ein Rechenverfahren, das mit derselben Genauigkeit wie der Versuch, aber mit wesentlich geringerem Aufwand die Dimensionierung von Rotationskörpern komplizierter Form ermöglicht. Das Rechenverfahren ist weitgehend schematisiert, so daß schwierige gedankliche Überlegungen in der Praxis entfallen.

Es ist grundsätzlich möglich, mit den abgeleiteten Einzelformeln jeden beliebigen rotationssymmetrischen Kesselboden mit gekrümmter Meridianlinie zu erfassen. Vollständig entwickelt und durch Zahlenbeispiele erläutert ist das Verfahren aber nur für normale Kesselböden, die aus einer Kugelhaube mit

---

[1] GECKELER, J., „Über die Festigkeit achsensymmetrischer Schalen", VDI Forschungsheft 276 (1926).

einem Öffnungswinkel $2\varphi \leqq 60°$ und einer Krempe mit konstantem Meridianradius bestehen. Der Boden kann einfach oder doppelt gewölbt sein. Außerdem werden die Spannungen an Durchbrüchen mit und ohne Bördelrand und im Bereich der Nietnaht zwischen Boden und Mantel gerechnet.

Für Böden, die so stark gewölbt sind, daß der Öffnungswinkel $2\varphi > 60°$ ist, und für Böden, bei denen der Krempenradius sich ändert, sind nur die Ansätze gebracht, aus denen das Verfahren für jeden Bedarfsfall zusammengestellt werden kann.

Für Kegelböden kann auf Grund der vorhandenen Überlegungen, Ansätze und Quellenangaben ebenfalls ein entsprechendes Verfahren abgeleitet werden.

Im ersten Abschnitt der Arbeit ist ein Überblick über die ganze Rechnung gegeben.

Im zweiten Abschnitt werden die Einzelformeln für Boden, Krempe und Mantel abgeleitet. Die Ergebnisse sind, soweit sie nicht in einfachen Formeln zusammengefaßt werden konnten, in Tabellen oder Kurven gegeben. Dieser Abschnitt kann überschlagen werden, ohne daß der Zusammenhang gestört wird.

Im dritten Abschnitt sind die Rechenverfahren für die verschiedenen untersuchten Kesselformen aus den Überlegungen des ersten und den Formeln, Tabellen und Kurven des zweiten Abschnittes zusammengestellt.

Im vierten Abschnitt sind Zahlenbeispiele durchgerechnet. Das erste Beispiel ist so ausführlich wiedergegeben, wie die Rechnung in der Praxis ausgeführt werden soll. Die Erfahrung hat gezeigt, daß durch diese ausführliche Art des Anschreibens Rechenfehler am ehesten vermieden werden. Die folgenden Beispiele sind gekürzt wiedergegeben. Der Verlauf der inneren Kräfte ist in Kurvenblättern aufgezeichnet.

Im fünften Abschnitt sind die gerechneten Spannungen mit Messungen verglichen.

Im sechsten Abschnitt ist der Verlauf der inneren Kräfte der durchgerechneten Beispiele diskutiert mit dem Ziel, aus der Formel- und Zahlenrechnung ein anschauliches Bild des Spannungszustandes erstehen zu lassen, mit dessen Hilfe die Spannungen bei anderen Kesselformen gefühlsmäßig abgeschätzt werden können.

I. Überblick über die Berechnung.

Der Kessel besteht aus Boden, Krempe und Mantel. Der Boden ist eine Kugelschale, die Krempe eine Kreisringschale und der Mantel eine Kreiszylinderschale.

Für jeden dieser drei Kesselteile gelten andere Rechenformeln. Diese werden für die Kugelschale und die Kreiszylinderschale aus Differentialgleichungen und für die Krempe nach einer Stufenkörpermethode entwickelt. Der Kessel wird deswegen auch für die statische Berechnung in die drei Teile, Boden, Krempe und Mantel, eingeteilt.

Der Schnitt zwischen Boden und Krempe fällt mit der mathematischen Übergangsstelle zusammen, wenn der Öffnungswinkel der Kugelschale $2\varphi \leqq 60°$ ist. Bei größeren Öffnungswinkeln verläuft die Schnittlinie innerhalb der Kugelschale, weil die für den Boden verwendeten Näherungsformeln nur bis rund 60° gelten; die Krempe setzt sich in diesem Fall aus der Kreisringschale und einem Teil der Kugelschale zusammen.

Der Schnitt zwischen Krempe und Mantel fällt bei geschweißten Kesseln mit der mathematischen Übergangsstelle zusammen. Bei genieteten Kesseln kann man die Schnittstelle genau so legen, wenn nur die Spannungen im Kesselboden, nicht aber die in der Nietnaht ermittelt werden sollen; der Bereich der Nietnaht wird dann durch ein Stück Kreiszylinderschale von der Wandstärke $2\,s$ ersetzt, das mit der Differentialgleichung erfaßt werden kann. Wenn die Spannungen in der Nietnaht genau verfolgt werden sollen, muß der überlappte Teil auch nach der Stufenkörpermethode gerechnet werden. Die Kreiszylinderschale, für die die Differentialgleichung gilt, setzt dann erst dort an, wo der zylindrische Teil des Kesselbodens aufhört.

An jeder Schnittstelle φ = konst. wirken drei innere Kräfte, die Längskraft L, die Radialkraft S und das Biegemoment M (Abb. 1). Die Längskraft L ist dadurch bestimmt, daß

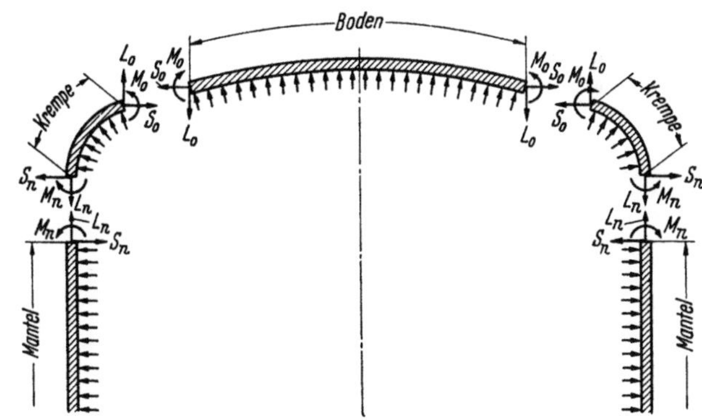

Abb. 2. Einteilung des Kessels für die Rechnung.

sie dem Innendruck das Gleichgewicht halten muß. Die Radialkraft S und das Biegemoment M werden mit Hilfe der Deformationsbedingungen für die radiale Aufweitung und die Winkeländerung bestimmt. Dabei werden als statisch unbestimmte Größen die beiden Schnittstellenkräfte S_0 und M_0 am Rand des Bodens eingeführt.

Bei geschlossenen Kesseln geht die Rechnung vom Boden über die Krempe zum Mantel. Durch die statisch unbestimmten Randkräfte, den Innendruck und die Gestalt sind die Deformationen am Rand des Bodens und damit auch am Anfang der Krempe gegeben. Durch die Kräfte und Deformationen am Anfang der Krempe, den Innendruck und die Gestalt sind die Kräfte und Deformationen am Ende der Krempe bestimmt. Durch die Randkräfte, den Innendruck und die Gestalt sind die Deformationen am Anfang des Mantels gegeben. Die Deformationsgleichungen für die statisch unbestimmten Größen S_0 und M_0 werden für die Schnittstelle zwischen Krempe und Mantel aufgestellt.

Bei Durchbrüchen mit Bördelrand geht die Rechnung auch vom Boden aus. Die beiden statisch unbestimmten Größen werden durch die Bedingung ermittelt, daß die Kräfte am Rand der Bördelung gleich Null sein müssen.

II. Ableitung der Einzelformeln.

A. Boden.

1. Membrantheorie.

Der Innendruck beansprucht den Boden auf reinen Zug (Abb. 3a). Innere Kräfte

$$N = T = \frac{p \cdot R}{2}. \qquad (1)$$

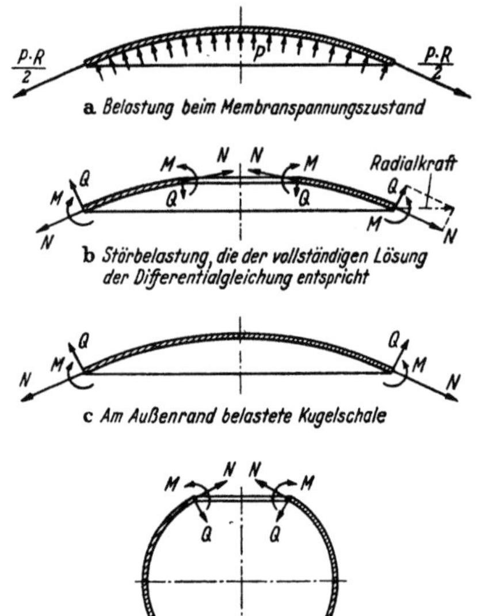

Abb. 3. Kugelschale.

Deformationen am Schalenrand

$$\frac{w_0}{s} = \varepsilon_T \cdot \frac{R \cdot \sin \varphi_0}{s} = \frac{p \cdot R}{2\,s\,E}(1-\nu)\frac{R \cdot \sin \varphi_0}{s}$$

$$= 0{,}375 \cdot \frac{l^2}{s^2} \cdot \sin \varphi_0 \frac{p}{E}, \qquad (2)$$

$$\chi_0 = 0. \qquad (3)$$

2. Biegetheorie.

a) Differentialgleichung der Kugelschale.

An der Schnittstelle überlagern sich der Normalkraft, die dem reinen Membranspannungszustand entspricht, noch ein Biegemoment und eine Radialkraft. Die Spannungen und Deformationen aus dieser Störbelastung, die eine Gleichgewichtsgruppe für sich bildet, werden nach der Biegetheorie der Rotationsschalen gerechnet, wie sie in dem Buch von W. FLÜGGE, Statik und Dynamik der Schalen, Kapitel VII, zusammengestellt ist.

Für Kugelschalen mit konstanter Wandstärke, die nur am Schalenrand belastet sind, gilt die Differentialgleichung

$$\frac{d^2 Q}{d\varphi^2} + \frac{dQ}{d\varphi} \cdot \operatorname{ctg}\varphi - Q \cdot \operatorname{ctg}^2\varphi \pm 2\,i \cdot K^2 Q = 0 \tag{4}$$

mit
$$K^4 = 3\,(1 - \nu^2)\,\frac{R^2}{s^2}. \tag{5}$$

Für den Bereich kleiner Zentriwinkel, in dem man

$$\operatorname{ctg}\varphi \approx \frac{1}{\varphi} \tag{6}$$

setzen kann, geht die Differentialgleichung über in

$$\frac{d^2 Q}{d\varphi^2} + \frac{1}{\varphi} \cdot \frac{dQ}{d\varphi} - \frac{1}{\varphi^2}\cdot Q \pm 2\,i\,K^2 \cdot Q = 0. \tag{7}$$

Ihre Lösungen sind die BESSELschen Funktionen erster Ordnung. Da das letzte Glied der Differentialgleichung positiv und negativ sein kann, sind die Lösungen konjugiert komplex, und man kann durch Linearkombination nachweisen, daß Real- und Imaginärteil für sich Lösungen der Differentialgleichung sind. Unter Benutzung der von SCHLEICHER eingeführten Z-Funktionen ergibt sich für die Lösung der Ansatz

$$Q = A Z_1'(K\sqrt{2}\varphi) + B \cdot Z_2'(K\sqrt{2}\varphi) + C \cdot Z_3'(K\sqrt{2}\varphi) + D \cdot Z_4'(K\sqrt{2}\varphi). \tag{8}$$

Für Argumente $K\sqrt{2}\varphi \leqq 6$ sind die SCHLEICHERschen Funktionen in der fünfstelligen Funktionentafel von HAYASHI zu finden. Für Argumente $K\sqrt{2}\varphi > 6$ gelten die asymptotischen Darstellungen:

$$Z_1'(K\sqrt{2}\varphi) = \frac{1}{\sqrt{2\pi\,(K\sqrt{2}\,\varphi)}} \cdot e^{K\varphi} \cdot \cos\left(K\varphi + \frac{\pi}{8}\right),$$

$$Z_2'(K\sqrt{2}\varphi) = -\frac{1}{\sqrt{2\pi\,(K\sqrt{2}\,\varphi)}} \cdot e^{K\varphi} \cdot \sin\left(K\varphi + \frac{\pi}{8}\right),$$

$$Z_3'(K\sqrt{2}\varphi) = -\sqrt{\frac{2}{\pi\,(K\sqrt{2}\,\varphi)}} \cdot e^{-K\varphi} \cdot \sin\left(K\varphi - \frac{\pi}{8}\right), \tag{9}$$

$$Z_4'(K\sqrt{2}\varphi) = \sqrt{\frac{2}{\pi\,(K\sqrt{2}\,\varphi)}} \cdot e^{-K\varphi} \cdot \cos\left(K\varphi - \frac{\pi}{8}\right).$$

Die Funktionen Z_1' und Z_2' nehmen mit kleiner werdendem φ, Z_3' und Z_4' mit größer werdendem φ ab. Da die Spannungen aus der Störbelastung vom Rand her abklingen, gehören Z_1' und Z_2' zum Außenrand und Z_3' und Z_4' zum Innenrand der Kugelschale (Abb. 3b).

Die Bedingung der Gl. (6) kann man bei den weiteren Formelableitungen zu Vereinfachungen benützen. Wenn man $\varphi = \operatorname{tg}\varphi$ schreibt und $\operatorname{tg}\varphi$ durch die Reihe ersetzt, ergibt sich

$$\varphi \approx \varphi + \frac{\varphi^3}{3}$$

d. h. man darf $\varphi^2/3$ gegenüber 1 vernachlässigen.

Aus der Querkraft Q werden alle anderen Kräfte und die Deformationen abgeleitet. Unmittelbar abhängig von Q sind die innern Kräfte

$$N = -\frac{1}{\varphi} \cdot Q , \tag{10}$$

$$T = -\frac{dQ}{d\varphi} \tag{11}$$

und die Neigungsänderung

$$\chi = -\frac{1}{E\,s}\left[\frac{d^2 Q}{d\varphi^2} + \frac{1}{\varphi}\,\frac{dQ}{d\varphi} - \frac{1}{\varphi^2}\cdot Q + \nu\,Q\right].$$

Wenn man ν gegenüber $1/\varphi^2$ vernachlässigt, was zulässig ist, weil die Formeln nur für den Bereich $\varphi^2/3 \ll 1$ gelten, vereinfacht sich der Ausdruck für die Neigungsänderung zu

$$\chi = -\frac{1}{E\,s}\left[\frac{d^2 Q}{d\varphi^2} + \frac{1}{\varphi}\cdot\frac{dQ}{d\varphi} - \frac{1}{\varphi^2}\cdot Q\right]. \tag{12}$$

Mittelbar abhängig von Q sind das Biegemoment

$$M = \frac{E\cdot s^3}{12\,R\,(1-\nu^2)}\left[\frac{d\chi}{d\varphi} + \frac{\nu}{\varphi}\cdot\chi\right] \tag{13}$$

und die radiale Aufweitung

$$w = \frac{T - \nu\cdot N}{E\,s}\cdot R\cdot\sin\varphi. \tag{14}$$

Nach Einsetzen von Gl. (12) und (5) in Gl. (13) ergibt sich für das Biegemoment

$$M = -\frac{s\cdot K}{4\sqrt{3\,(1-\nu^2)}}\cdot\frac{1}{(K\varphi)^3}\cdot\left[\varphi^3\cdot\frac{a^3 Q}{d\varphi^3} + \frac{5}{4}\cdot\varphi^2\cdot\frac{d^2 Q}{d\varphi^2} - \frac{7}{4}\cdot\varphi\cdot\frac{dQ}{d\varphi} + \frac{7}{4}\cdot Q\right]. \tag{15}$$

Nach Einsetzen von Gl. (10), (11) und (5) in Gl. (14) ergibt sich für die radiale Aufweitung

$$w = \frac{K^2}{\sqrt{3\,(1-\nu^2)}}\cdot\frac{1}{E}\left[-\varphi\cdot\frac{dQ}{d\varphi} + \frac{1}{4}\cdot Q\right]. \tag{16}$$

Die vier Integrationskonstanten der Gl. (8) gestatten es, vier Randbedingungen zu erfüllen. Man kann am Innen- und Außenrand je zwei Kräfte vorgeben, ein Biegemoment und eine Radialkraft (Abb. 3b). Die Radialkraft ist die Resultierende aus Q und N, weil aus Gleichgewichtsgründen eine Kraft parallel zur Rotationsachse nicht auftreten kann.

Beim Kessel ohne Durchbruch sind nur Randbedingungen am Außenrand der Kugelschale zu erfüllen (Abb. 3c). Dazu genügen die Integrationskonstanten A und B; die Integrationskonstanten F und D sind Null.

Beim Kessel mit Durchbruch müssen Randbedingungen am Außen- und Innenrand der Kugelschale erfüllt werden. Da der Einfluß der Störbelastung schnell abklingt, darf man zur Vereinfachung der Rechnung die Integrationskonstanten für Außen- und Innenrand unabhängig voneinander bestimmen. A und B werden wie beim Kessel ohne Durchbruch für den Rand einer Kugelhaube, C und D werden für den Rand des Durchbruchs einer ganzen Kugel ermittelt (Abb. 3d).

b) Auswertung für die am Außenrand belastete Kugelschale.

α) Darstellung aus den Tabellenwerten.

Lösung der Differentialgleichung.

$$Q = A Z_1'{}_{(K\sqrt{2}\varphi)} + B Z_2'{}_{(K\sqrt{2}\varphi)} \, . \tag{17}$$

Zum Einsetzen in die Formeln für die inneren Kräfte und die Deformationen werden die Ableitungen von Q bis zur dritten Ordnung gebraucht.

$$\frac{dQ}{d\varphi} = K\sqrt{2}\ [A \cdot Z_1'' + B \cdot Z_2'' \,],$$

$$\frac{d^2Q}{d\varphi^2} = \left(K\sqrt{2}\right)^2 [A \cdot Z_1''' + B \cdot Z_2''' \,], \tag{18}$$

$$\frac{d^3Q}{d\varphi^3} = \left(K\sqrt{2}\right)^3 [A \cdot Z_1'''' + B \cdot Z_2'''' \,].$$

Die Ableitungen der Z-Funktionen bis zur vierten Ordnung werden durch die Funktionen selbst und ihre erste Ableitung ausgedrückt, damit die Tabellenwerte nicht numerisch differenziert werden müssen. Mit Hilfe der für die BESSELsche Differentialgleichung gültigen Beziehung

$$Z_1'' = Z_2 - \frac{1}{K\sqrt{2}\,\varphi} \cdot Z_1',$$

$$Z_2'' = -Z_1 - \frac{1}{K\sqrt{2}\,\varphi} \cdot Z_2' \tag{19}$$

ergibt sich

$$Z_1''' = \quad Z_2 + \frac{2}{(K\sqrt{2}\,\varphi)^2} \cdot Z_1' - \frac{1}{K\sqrt{2}\,\varphi} \cdot Z_2 \, ,$$

$$Z_2''' = -Z_1 + \frac{2}{(K\sqrt{2}\,\varphi)^2} \cdot Z_2' + \frac{1}{K\sqrt{2}\,\varphi} \cdot Z_1 \, ,$$

$$Z_1'''' = -Z_1 - \frac{6}{(K\sqrt{2}\,\varphi)^3} \cdot Z_1' + \frac{3}{(K\sqrt{2}\,\varphi)^2} \cdot Z_2 - \frac{2}{K\sqrt{2}\,\varphi} \cdot Z_2' \, , \tag{20}$$

$$Z_2'''' = -Z_2 - \frac{6}{(K\sqrt{2}\,\varphi)^3} \cdot Z_2' - \frac{3}{(K\sqrt{2}\,\varphi)^2} \cdot Z_1 + \frac{2}{K\sqrt{2}\,\varphi} \cdot Z_1' \, .$$

Ermittlung der Integrationskonstanten A und B. Aus Gl. (10) und (17) folgt für die Normalkraft am Schalenrand

$$N_r = -\frac{1}{\varphi_0} [A \cdot Z_1' + B \cdot Z_2']$$

Aus Gl. (15), (17), (18), (19) und (20) folgt für das Biegemoment am Schalenrand

$$M_r = - \frac{s}{2\sqrt{3(1-\nu^2)}} \frac{1}{\varphi_0} \left[A\left(K\sqrt{2}\,\varphi_0 Z_1 + \frac{3}{4} Z_2'\right) + B\left(K\sqrt{2}\,\varphi_0 Z_2 - \frac{3}{4} Z_1'\right)\right].$$

Bestimmungsgleichungen für die Integrationskonstanten

$$A \cdot Z_1' + B \cdot Z_2' = -\varphi_0 \cdot N_r,$$

$$A\left(K\sqrt{2}\,\varphi_0 Z_1 + \frac{3}{4} Z_2'\right) + B\left(K\sqrt{2}\,\varphi_0 Z_2 - \frac{3}{4} Z_1'\right) = -2\sqrt{3(1-\nu^2)}\,\frac{\varphi_0 M_r}{s}.$$

Daraus ergeben sich die Integrationskonstanten zu

$$\begin{aligned} A &= \frac{A_1}{K} \cdot N_r + \frac{A_2}{K} \cdot \frac{M_r}{s}, \\[2mm] B &= \frac{B_1}{K} \cdot N_r + \frac{B_2}{K} \cdot \frac{M_r}{s} \end{aligned} \tag{21}$$

mit den Abkürzungen

$$A_1 = \frac{(K\sqrt{2}\,\varphi_0)\,Z_2 - \dfrac{3}{4}\,Z_1'}{(Z_1 Z_2' - Z_2 Z_1') + \dfrac{3}{4K\sqrt{2}\,\varphi_0}(Z_1'^2 + Z_2'^2)} \frac{1}{\sqrt{2}},$$

$$A_2 = \frac{Z_2' \cdot 2 \cdot \sqrt{3(1-\nu^2)}}{(Z_1 \cdot Z_2' - Z_2 Z_1') + \dfrac{3}{4K\sqrt{2}\,\varphi_0}(Z_1'^2 + Z_2'^2)} \cdot \frac{1}{\sqrt{2}},$$

$$\hspace{4cm} \tag{22}$$

$$B_1 = -\frac{(K\sqrt{2}\,\varphi_0)\,Z_1 + \dfrac{3}{4}\,Z_2'}{(Z_1 \cdot Z_2' - Z_2 Z_1') + \dfrac{3}{4K\sqrt{2}\,\varphi_0}(Z_1'^2 + Z_2'^2)} \frac{1}{\sqrt{2}},$$

$$B_2 = -\frac{Z_1' \cdot 2\sqrt{3(1-\nu^2)}}{(Z_1 \cdot Z_2' - Z_2 \cdot Z_1') + \dfrac{3}{4K\sqrt{2}\,\varphi_0}(Z_1'^2 + Z_2'^2)} \frac{1}{\sqrt{2}}.$$

Damit in der weiteren Rechnung die Formeln möglichst kurz angeschrieben werden können, werden statt der Integrationskonstanten die Abkürzungen

$$\begin{aligned} A^* &= K\,A = A_1 N_r + A_2 \frac{M_r}{s}, \\[2mm] B^* &= K \cdot B = B_1 \cdot N_r + B_2 \frac{M_r}{s} \end{aligned} \tag{23}$$

eingeführt.

Die Konstanten A_1, A_2, B_1 und B_2 sind Funktionen von $K\sqrt{2}\,\varphi_0$. Sie sind für den ganzen Bereich der Tabellenwerte ausgerechnet und in Tabelle 1 in Abhängigkeit von $K\sqrt{2}\,\varphi_0$ zusammengestellt.

Ermittlung der Deformationen am Schalenrand. Aus Gl. (12) und (16) folgt mit Gl. (17), (18), (19), (20), (21) und (22) für die Deformationen am Schalenrand

$$\chi_0 = X_a \cdot \frac{N_r}{E\,s\,\varphi_0} + X_b \frac{M_r}{E\,s^2\,\varphi_0}\,,$$

$$\frac{w_0}{s} = W_a \cdot \frac{N_r}{E\,s\,\varphi_0} + W_b \frac{M_r}{E\,s^2\,\varphi_0} \tag{24}$$

mit den Abkürzungen

$$X_a = -\frac{(K\sqrt{2}\,\varphi_0)^2\,(Z_1 Z_1' + Z_2 Z_2')}{(Z_1 Z_2' - Z_2 Z_1') + \dfrac{3}{4\,K\sqrt{2}\,\varphi^0}\,(Z_1'^2 + Z_2'^2)}\,,$$

$$X_b = -\frac{(K\sqrt{2}\,\varphi_0)\,(Z_1'^2 + Z_1'^2)\,2\sqrt{3\,(1-\nu^2)}}{(Z_1 Z_2' - Z_2 Z_1') + \dfrac{3}{4\,K\sqrt{2}\,\varphi_0}\,(Z_1'^2 + Z_2'^2)}\,, \tag{25}$$

$$W_a = -\frac{(K\sqrt{2}\,\varphi_0)^3\,(Z_1^2 + Z_2^2) - 2\,(K\sqrt{2}\,\varphi_0)^2\,(Z_1' Z_2 - Z_2' Z_1) + \dfrac{15}{16}\,(K\sqrt{2}\,\varphi_0)\,(Z_1'^2 + Z_2'^2)}{\left[(Z_1 Z_2' - Z_2 Z_1') + \dfrac{3}{4\,K\sqrt{2}\,\varphi_0}\,(Z_1'^2 + Z_2'^2)\right]\,2\sqrt{3\,(1-\nu^2)}}\,,$$

$$W_b = -\frac{(K\sqrt{2}\,\varphi_0)^2\,(Z_1 Z_1' + Z_2 Z_2')}{(Z_1 Z_2' - Z_2 Z_1' +)\,\dfrac{3}{4\,K\sqrt{2}\,\varphi_0}\,(Z_1'^2 + Z_2'^2)}\,.$$

Die Konstanten X_a, X_b, W_a und W_b sind Funktionen von $K\sqrt{2}\,\varphi_0$. Sie sind für den ganzen Bereich der Tabellenwerte ausgerechnet und in Abb. 4 in Abhängigkeit von $K\,\varphi_0$ aufgetragen.

Ermittlung der inneren Kräfte. Aus Gl. (10), (11) und (15) folgt mit Gl. (17), (18), (19), (20) und (23) für die inneren Kräfte

$$N = A^* \cdot r_a + B^* \cdot r_b\,,$$
$$T = A^* \cdot t_a + B^* \cdot t_b\,, \tag{26}$$
$$\frac{M}{s} = A^* \cdot m_a + B^* \cdot m_b$$

mit den Abkürzungen

$$n_a = -\sqrt{2}\,\frac{Z_1'}{K\sqrt{2}\,\varphi}\,,$$

$$n_b = -\sqrt{2}\,\frac{Z_2'}{K\sqrt{2}\,\varphi}\,,$$

$$t_a = \sqrt{2}\left(-Z_2 + \frac{Z_1'}{K\sqrt{2}\,\varphi}\right),$$

$$t_b = \sqrt{2}\left(+Z_1 + \frac{Z_2'}{K\sqrt{2}\,\varphi}\right), \tag{27}$$

$$m_a = \frac{1}{\sqrt{6\,(1-\nu^2)}}\left(Z_1 + \frac{3}{4\,K\sqrt{2}\,\varphi}\cdot Z_2'\right),$$

$$m_b = \frac{1}{\sqrt{6\,(1-\nu^2)}}\left(Z_2 - \frac{3}{4\,K\sqrt{2}\,\varphi}\cdot Z_1'\right).$$

Die Veränderlichen n_a, n_b, t_a, t_b, m_a und m_b sind Funktionen von $K\sqrt{2}\,\varphi$. Sie sind für den ganzen Bereich der Tabellenwerte ausgerechnet und in Tabelle 2 in Abhängigkeit von $K\sqrt{2}\,\varphi$ zusammengestellt.

$\beta)$ Asymptotische Darstellung.

Lösung der Differentialgleichung.

$$
\begin{aligned}
Q &= \frac{A}{\sqrt{2\pi(K\sqrt{2}\,\varphi)}}\cdot e^{K\varphi}\cdot\cos\left(K\varphi+\frac{\pi}{8}\right) - \frac{B}{\sqrt{2\pi(K\sqrt{2}\,\varphi)}}\cdot e^{K\varphi}\cdot\sin\left(K\varphi+\frac{\pi}{8}\right) \\
&= \frac{1}{\sqrt{2\pi\sqrt{2}}}\cdot\frac{e^{K\varphi}}{\sqrt{K\varphi}}\left[A\cdot\cos\left(K\varphi+\frac{\pi}{8}\right) - B\cdot\sin\left(K\varphi+\frac{\pi}{8}\right)\right].
\end{aligned}
\tag{28}
$$

Zum Einsetzen in die Formeln für die inneren Kräfte und die Deformationen werden die Ableitungen von Q bis zur dritten Ordnung gebraucht.

$$
\frac{dQ}{d\varphi} = \frac{1}{\sqrt{2\pi\sqrt{2}}}\cdot\frac{e^{K\varphi}}{\sqrt{K\varphi}}\left[\left(AK-\frac{A}{2\varphi}-BK\right)\cos\left(K\varphi+\frac{\pi}{8}\right) - \left(BK-\frac{B}{2\varphi}+AK\right)\sin\left(K\varphi+\frac{\pi}{8}\right)\right],
$$

$$
\frac{d^2Q}{d\varphi^2} = \frac{1}{\sqrt{2\pi\sqrt{2}}}\cdot\frac{e^{K\varphi}}{\sqrt{K\varphi}}\left[\left(-2B\cdot K^2+\frac{BK}{\varphi}-\frac{AK}{\varphi}+\frac{3}{4}\frac{A}{\varphi^2}\right)\cos\left(K\varphi+\frac{\pi}{8}\right) + \left(-2AK^2+\frac{A\cdot K}{\varphi}+\frac{B\cdot K}{\varphi}-\frac{3}{4}\cdot\frac{B}{\varphi^2}\right)\sin\left(K\varphi+\frac{\pi}{8}\right)\right], \tag{29}
$$

$$
\begin{aligned}
\frac{d^3Q}{d\varphi^3} &= \frac{1}{\sqrt{2\pi\sqrt{2}}}\cdot\frac{e^{K\varphi}}{\sqrt{K\varphi}}\Bigg[\left(-2BK^3+\frac{3BK^2}{\varphi}-\frac{9}{4}\cdot\frac{BK}{\varphi^2}-2AK^3+\frac{9}{4}\cdot\frac{AK}{\varphi^2}-\frac{15}{8}\cdot\frac{A}{\varphi^3}\right)\cos\left(K\varphi+\frac{\pi}{8}\right) \\
&\quad + \left(-2AK^3+\frac{3AK^2}{\varphi}-\frac{9}{4}\cdot\frac{A\cdot K}{\varphi^2}+2BK^3-\frac{9}{4}\cdot\frac{B\cdot K}{\varphi^2}+\frac{15}{8}\cdot\frac{B}{\varphi^3}\right)\sin\left(K\varphi+\frac{\pi}{8}\right)\Bigg].
\end{aligned}
$$

Ermittlung der Integrationskonstanten A und B. Aus Gl. (10) und (28) folgt für die Normalkraft am Schalenrand

$$
N_r = \frac{1}{\sqrt{2\pi\sqrt{2}}}\cdot\frac{1}{\varphi_0}\cdot\frac{e^{K\varphi_0}}{\sqrt{K\varphi_0}}\left[-A\cdot\cos\left(K\varphi_0+\frac{\pi}{8}\right)+B\cdot\sin\left(K\varphi_0+\frac{\pi}{8}\right)\right].
$$

Aus Gl. (15), (28) und (29) folgt für das Biegemoment am Schalenrand

$$
\begin{aligned}
M_r &= A\left[U_1\cdot\cos\left(K\varphi+\frac{\pi}{8}\right)+U_2\cdot\sin\left(K\varphi+\frac{\pi}{8}\right)\right] \\
&\quad + B\left[U_2\cdot\cos\left(K\varphi+\frac{\pi}{8}\right)-U_1\cdot\sin\left(K\varphi+\frac{\pi}{8}\right)\right]
\end{aligned}
$$

mit den Abkürzungen

$$U_1 = \left[2\,(K\,\varphi_0)^3 + \frac{3}{4}\,(K\,\varphi_0) - \frac{27}{16}\right] \frac{s\cdot K}{4\,\sqrt{3\,(1-\nu^2)}}\,\frac{1}{(K\,\varphi_0)^3} \cdot \frac{e^{K\,\varphi_0}}{\sqrt{K\,\varphi_0}}\,\frac{1}{\sqrt{2\,\pi\,\sqrt{2}}}\,,$$

$$U_2 = \left[2\,(K\,\varphi_0)^3 - \frac{1}{2}\,(K\,\varphi_0)^2 - \frac{3}{4}\,(K\,\varphi_0)\right] \frac{s\cdot K}{4\,\sqrt{3\,(1-\nu^2)}}\,\frac{1}{(K\,\varphi_0)^3} \cdot \frac{e^{K\,\varphi_0}}{\sqrt{K\,\varphi_0}}\,\frac{1}{\sqrt{2\,\pi\,\sqrt{2}}}\,.$$

Bestimmungsgleichungen für die Integrationskonstanten

$$-A \cdot \cos\left(K\,\varphi + \frac{\pi}{8}\right) + B \cdot \sin\left(K\,\varphi_0 + \frac{\pi}{8}\right) = \sqrt{2\,\pi\,\sqrt{2}} \cdot N_r \cdot \varphi_0\,\frac{\sqrt{K\,\varphi_0}}{e^{K\,\varphi_0}}\,,$$

$$A\left[U_1 \cdot \cos\left(K\,\varphi_0 + \frac{\pi}{8}\right) + U_2 \cdot \sin\left(K\,\varphi_0 + \frac{\pi}{8}\right)\right] +$$

$$+ B\left[U_2 \cdot \cos\left(K\,\varphi_0 + \frac{\pi}{8}\right) - U_1 \cdot \sin\left(K\,\varphi_0 + \frac{\pi}{8}\right)\right] = M_r.$$

Daraus ergeben sich die Integrationskonstanten zu

$$A = \frac{A_1}{K}\,N_r + \frac{A_2}{K} \cdot \frac{M_r}{s}\,,$$

$$B = \frac{B_1}{K} \cdot N_r + \frac{B_2}{K} \cdot \frac{M_r}{s} \tag{21}$$

mit den Abkürzungen

$$A_1 = \sqrt{2\,\pi\,\sqrt{2}} \cdot \frac{\sqrt{K\,\varphi_0}}{e^{K\,\varphi_0}} \cdot (K\,\varphi_0)\left[-\cos\left(K\,\varphi_0 + \frac{\pi}{8}\right) + \right.$$

$$\left. + \frac{2\,(K\,\varphi_0)^3 + \dfrac{3}{4} \cdot K\,\varphi_0 - \dfrac{27}{16}}{2\,(K\,\varphi_0)^3 - \dfrac{1}{2}\,(K\,\varphi_0)^2 - \dfrac{3}{4}\,(K\,\varphi_0)} \cdot \sin\left(K\,\varphi_0 + \frac{\pi}{8}\right)\right],$$

$$A_2 = \sqrt{2\,\pi\,\sqrt{2}} \cdot \frac{\sqrt{K\,\varphi_0}}{e^{K\,\varphi_0}}\,(K\,\varphi_0)^3 \cdot 4\,\sqrt{3\,(1-\nu^2)}\,\frac{\sin\left(K\,\varphi_0 + \dfrac{\pi}{8}\right)}{2\,(K\,\varphi_0)^3 - \dfrac{1}{2}\,(K\,\varphi_0)^2 - \dfrac{3}{4}\,(K\,\varphi_0)}\,, \tag{30}$$

$$B_1 = \sqrt{2\,\pi\,\sqrt{2}} \cdot \frac{\sqrt{K\,\varphi_0}}{e^{K\,\varphi_0}} \cdot (K\,\varphi_0)\left[\frac{2\,(K\,\varphi_0)^3 + \dfrac{3}{4}\,(K\,\varphi_0) - \dfrac{27}{16}}{2\,(K\,\varphi_0)^3 - \dfrac{1}{2}\,(K\,\varphi_0)^2 - \dfrac{3}{4}\,(K\,\varphi_0)} \cdot \cos\left(K\,\varphi_0 + \frac{\pi}{8}\right) + \right.$$

$$\left. + \sin\left(K\,\varphi_0 + \frac{\pi}{8}\right)\right],$$

$$B_2 = \sqrt{2\,\pi\,\sqrt{2}} \cdot \frac{\sqrt{K\,\varphi_0}}{e^{K\,\varphi_0}} \cdot (K\,\varphi_0)^3 \cdot 4\,\sqrt{3\,(1-\nu^2)}\,\frac{\cos\left(K\,\varphi_0 + \dfrac{\pi}{8}\right)}{2\,(K\,\varphi_0)^3 - \dfrac{1}{2}\,(K\,\varphi_0)^2 - \dfrac{3}{4}\,(K\,\varphi_0)}\,.$$

Damit in der weiteren Rechnung die Formeln möglichst kurz angeschrieben werden können, werden statt der Integrationskonstanten die Abkürzungen

$$A^* = K \cdot A = A_1 \cdot N_r + A_2 \frac{M_r}{\cdot s} \, ,$$

$$B^* = K \, B = B_1 \cdot N_r + B_2 \cdot \frac{M_r}{s} \tag{23}$$

eingeführt.

Die Konstanten A_1, A_2, B_1 und B_2 sind Funktionen von $K \varphi_0$. Sie sind für den Bereich $K \varphi_0 = 4$ bis $K \varphi_0 = 10$ ausgerechnet und in Tabelle 1 in Abhängigkeit von $K \varphi_0$ zusammengestellt.

Die aus der asymptotischen Darstellung gerechneten Werte weichen von den genauen Tabellenwerten nach Gl. (22) ab. Im Bereich $K \varphi_0 = 4$ bis $K \varphi_0 = 5$ wird der Übergang derart vermittelt, daß die Kurve von den Tabellenwerten ausgeht und sich ohne Knick der asymptotischen Darstellung angleicht.

Ermittlung der Deformationen am Schalenrand. Aus Gl. (12) und (16) folgt mit Gl. (21), (28), (29) und (30) für die Deformationen am Schalenrand

$$\chi_0 = X_a \, \frac{N_r}{E \, s \, \varphi_0} + X_b \cdot \frac{M_r}{E \, s^2 \, \varphi_0}$$

$$\frac{w_0}{s} = W_a \, \frac{N_r}{E \, s \, \varphi_0} + W_b \cdot \frac{M_r}{E \, s^2 \, \varphi_0} \tag{24}$$

mit den Abkürzungen

$$X_a = \frac{4 \, (K \, \varphi_0)^4 - 3 \, (K \, \varphi_0) + \dfrac{9}{16}}{2 \, (K \, \varphi_0)^2 - \dfrac{1}{2} \, (K \, \varphi_0) - \dfrac{3}{4}} \, ,$$

$$X_b = \frac{2 \, (K \, \varphi_0)^3}{2 \, (K \, \varphi_0)^2 - \dfrac{1}{2} \, (K \, \varphi_0) - \dfrac{3}{4}} \cdot 4 \, \sqrt{3 \, (1 - \nu^2)} \, ,$$

$$W_a = \frac{4 \, (K \, \varphi_0)^3 - 2 \, (K \, \varphi_0)^2 + \dfrac{3}{8} \, (K \, \varphi_0) - \dfrac{9}{8}}{2 \, (K \, \varphi_0)^2 - \dfrac{1}{2} \, (K \, \varphi_0) - \dfrac{3}{4}} \cdot \frac{(K \, \varphi_0)^2}{\sqrt{3 \, (1 - \nu^2)}} \, ,$$

$$W_b = \frac{4 \, (K \, \varphi_0)^4}{2 \, (K \, \varphi_0)^2 - \dfrac{1}{2} \, (K \, \varphi_0) - \dfrac{3}{4}} \cdot \tag{31}$$

Die Konstanten X_a, X_b, W_a und W_b sind Funktionen von $K \varphi_0$. Sie sind für den Bereich $K \varphi_0 = 4$ bis $K \varphi_0 = 10$ ausgerechnet und auf Abb. 4 in Abhängigkeit von $K \varphi_0$ aufgetragen. Das Übergangsstück zwischen der Kurve aus den Tabellenwerten nach Gl. (25) und der Kurve aus der asymptotischen Darstellung nach Gl. (31) ist vermittelt.

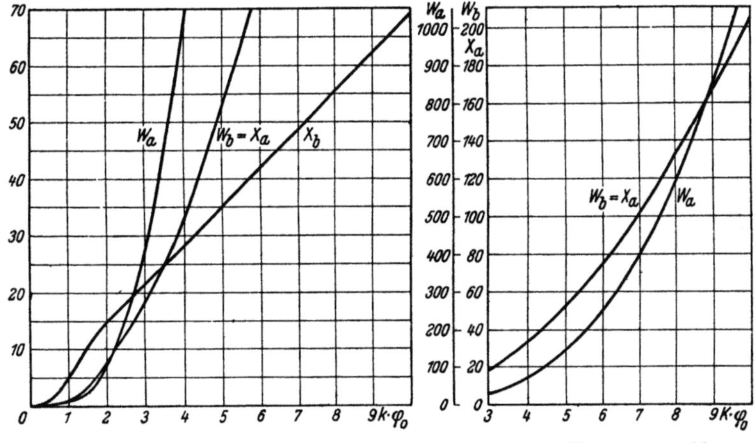

Abb. 4. Beiwerte für die Randdeformationen der am Außenrand belasteten Kugelschale.

$$\frac{w_0}{s} = W_a \cdot \frac{N_r}{E\,s\,\varphi_0} + W_b \cdot \frac{M_r}{E\,s^2\,\varphi_0}$$

$$\chi_0 = X_a \cdot \frac{N_r}{E\,s\,\varphi_0} + X_b \cdot \frac{M_r}{E\,s^2\,\varphi_0}$$

Ermittlung der inneren Kräfte. Aus Gl. (10), (11) und (15) folgt mit Gl. (23), (28) und (29) für die inneren Kräfte

$$\begin{aligned}
N &= A^* \cdot n_a + B^* \cdot n_b, \\
T &= A^* \cdot t_a + B^* \cdot t_b, \\
\frac{M}{s} &= A^* \cdot m_a + B^* \cdot m_b
\end{aligned} \tag{26}$$

mit den Abkürzungen

$$n_a = -\frac{e^{K\varphi}}{\sqrt{K\varphi}} \frac{\cos\left(K\varphi + \dfrac{\pi}{8}\right)}{(K\varphi)\sqrt{2\pi\sqrt{2}}},$$

$$n_b = \frac{e^{K\varphi}}{\sqrt{K\varphi}} \cdot \frac{\sin\left(K\varphi + \dfrac{\pi}{8}\right)}{(K\varphi)\sqrt{2\pi\sqrt{2}}}, \tag{32}$$

$$t_a = \frac{e^{K\varphi}}{\sqrt{K\varphi}} \cdot \frac{1}{\sqrt{2\pi\sqrt{2}}}\left[-\cos\left(K\varphi + \frac{\pi}{8}\right) + \frac{1}{2K\varphi}\cdot\cos\left(K\varphi + \frac{\pi}{8}\right) + \sin\left(K\varphi + \frac{\pi}{8}\right)\right],$$

$$t_b = \frac{e^{K\varphi}}{\sqrt{K\varphi}} \cdot \frac{1}{\sqrt{2\pi\sqrt{2}}}\left[\sin\left(K\varphi + \frac{\pi}{8}\right) - \frac{1}{2K\varphi}\cdot\sin\left(K\varphi + \frac{\pi}{8}\right) + \cos\left(K\varphi + \frac{\pi}{8}\right)\right],$$

$$m_a = \frac{e^{K\varphi}}{\sqrt{K\varphi}} \cdot \frac{1}{4\sqrt{3(1-\nu^2)\cdot 2\pi\sqrt{2}}}\frac{1}{(K\varphi)^3}\left[\left[2(K\varphi)^3 + \frac{3}{4}(K\varphi) - \frac{27}{16}\right]\cdot\cos\left(K\varphi + \frac{\pi}{8}\right) + \left[2(K\varphi)^3 - \frac{1}{2}(K\varphi)^2 - \frac{3}{4}K\varphi\right]\cdot\sin\left(K\varphi + \frac{\pi}{8}\right)\right],$$

$$m_b = \frac{e^{K\varphi}}{\sqrt{K\varphi}} \cdot \frac{1}{4\sqrt{3(1-\nu^2)2\pi\sqrt{2}}}\frac{1}{(K\varphi)^3}\left[\left[2(K\varphi)^3 - \frac{1}{2}(K\varphi)^2 - \frac{3}{4}K\varphi\right]\cos\left(K\varphi + \frac{\pi}{8}\right) - \left[2(K\varphi)^3 + \frac{3}{4}(K\varphi) - \frac{27}{16}\right]\sin\left(K\varphi + \frac{\pi}{8}\right)\right].$$

Die Veränderlichen n_a, n_b, t_a, t_b, m_a und m_b sind Funktionen von $K\varphi$. Sie sind für den Bereich $K\varphi = 4$ bis $K\varphi = 10$ ausgerechnet und in Tabelle 2 in Abhängigkeit von $K\varphi$ zusammengestellt.

c) Auswertung für die am Innenrand belastete Kugelschale.

α. Darstellung aus den Tabellenwerten.

Lösung der Differentialgleichung.

$$Q = C \cdot Z_3{}'{}_{(K\sqrt{2}\varphi)} + D \cdot Z_4{}'{}_{(K\sqrt{2}\varphi)} \,. \tag{33}$$

Zum Einsetzen in die Formeln für die inneren Kräfte und die Deformationen werden die Ableitungen von Q bis zur dritten Ordnung gebraucht.

$$\frac{dQ}{d\varphi} = \left(K\sqrt{2}\right)\left[C Z_3{}'' + D \cdot Z_4{}''\right],$$

$$\frac{d^2Q}{d\varphi^2} = \left(K\sqrt{2}\right)^2\left[C Z_2{}''' + D \cdot Z_4{}'''\right], \tag{34}$$

$$\frac{d^3Q}{d\varphi^3} = \left(K\sqrt{2}\right)^3\left[C Z_3{}'''' + D \cdot Z_4{}''''\right].$$

Die Ableitungen der Z-Funktionen bis zur vierten Ordnung werden durch die Funktionen selbst und ihre erste Ableitung ausgedrückt, damit die Tabellenwerte nicht numerisch differentiert werden müssen. Mit Hilfe der für die BESSELsche Differentialgleichung gültigen Beziehung

$$Z_3{}'' = \quad Z_4 - \frac{1}{K\sqrt{2}\,\varphi}\cdot Z_3{}' \,,$$

$$Z_4{}'' = -\,Z_3 - \frac{1}{K\sqrt{2}\,\varphi}\cdot Z_4{}' \tag{35}$$

ergibt sich

$$Z_3{}''' = \quad Z_4{}' + \frac{2}{(K\sqrt{2}\,\varphi)^2}\cdot Z_3{}' - \frac{1}{K\sqrt{2}\,\varphi}\cdot Z_4 \,,$$

$$Z_4{}''' = -\,Z_3{}' + \frac{2}{(K\sqrt{2}\,\varphi)^2}\cdot Z_4{}' + \frac{1}{K\sqrt{2}\,\varphi}\cdot Z_3 \,,$$

$$Z_3{}'''' = -\,Z_3 - \frac{6}{(K\sqrt{2}\,\varphi)^3}\cdot Z_3{}' + \frac{3}{(K\sqrt{2}\,\varphi)^2}\cdot Z_4 - \frac{2}{K\sqrt{2}\,\varphi}\cdot Z_4{}' \,. \tag{36}$$

$$Z_4{}'''' = -\,Z_4 - \frac{6}{(K\sqrt{2}\,\varphi)^3}\cdot Z_4{}' - \frac{3}{(K\sqrt{2}\,\varphi)^2}\cdot Z_3 + \frac{2}{K\sqrt{2}\,\varphi}\cdot Z_3{}' \,.$$

Ermittlung der Integrationskonstanten C und D. Aus Gl. (10) und (33) folgt für die Normalkraft am Schalenrand

$$N_r = -\,\frac{1}{\varphi_0}\left[C\cdot Z_3{}' + D Z_4{}'\right].$$

Aus Gl. (15), (33), (34), (35) und (36) folgt für das Biegemoment am Schalenrand

$$M_r = -\frac{s}{2\sqrt{3(1-\nu^2)}} \cdot \frac{1}{\varphi_0}\left[C\left(K\sqrt{2}\,\varphi_0\cdot Z_3 + \frac{3}{4}Z_4'\right) + D\left(K\sqrt{2}\,\varphi_0 Z_4 - \frac{3}{4}Z_3'\right)\right].$$

Bestimmungsgleichungen für die Integrationskonstanten

$$C Z_3' + D\cdot Z_4' = -\varphi_0\cdot N_r,$$

$$C\left(K\sqrt{2}\,\varphi_0 Z_3 + \frac{3}{4}Z_4'\right) + D\left(K\sqrt{2}\,\varphi_0\cdot Z_4 - \frac{3}{4}Z_3'\right) = -2\sqrt{3(1-\nu^2)}\,\frac{\varphi_0 M_r}{s}.$$

Daraus ergeben sich die Integrationskonstanten zu

$$C = \frac{C_1}{K}\cdot N_r + \frac{C_2}{K}\cdot\frac{M_r}{s},$$

$$D = \frac{D_1}{K}\cdot N_r + \frac{D_2}{K}\cdot\frac{M_r}{s} \tag{37}$$

mit den Abkürzungen

$$C_1 = \frac{(K\sqrt{2}\,\varphi_0)Z_4 - \dfrac{3}{4}Z_3'}{(Z_3 Z_4' - Z_4 Z_3') + \dfrac{3}{4 K\sqrt{2}\,\varphi_0}(Z_3'^2 + Z_4'^2)}\cdot\frac{1}{\sqrt{2}},$$

$$C_2 = \frac{Z_4'\cdot 2\,\sqrt{3(1-\nu^2)}}{(Z_3\cdot Z_4' - Z_4 Z_3') + \dfrac{3}{4 K\sqrt{2}\,\varphi_0}(Z_3'^2 + Z_4'^2)}\cdot\frac{1}{\sqrt{2}},$$

$$D_1 = -\frac{(K\sqrt{2}\,\varphi_0)Z_3 + \dfrac{3}{4}Z_4'}{(Z_3\cdot Z_4' - Z_4 Z_3') + \dfrac{3}{4 K\sqrt{2}\,\varphi_0}(Z_3'^2 + Z_4'^2)}\cdot\frac{1}{\sqrt{2}}, \tag{38}$$

$$D_2 = -\frac{Z_3'\cdot 2\cdot\sqrt{3(1-\nu^2)}}{(Z_3\cdot Z_4' - Z_4\cdot Z_3') + \dfrac{3}{4 K\sqrt{2}\,\varphi_0}(Z_3'^2 + Z_4'^2)}\cdot\frac{1}{\sqrt{2}}.$$

Damit in der weiteren Rechnung die Formeln möglichst kurz angeschrieben werden können, werden statt der Integrationskonstanten die Abkürzungen

$$C^* = K\cdot C = C_1\cdot N_r + C_2\frac{M_r}{s},$$

$$D^* = K\cdot D = D_1\cdot N_r + D_2\cdot\frac{M_r}{s} \tag{39}$$

eingeführt.

Die Konstanten C_1, C_2, D_1 und D_2 sind Funktionen von $K\sqrt{2}\,\varphi_0$. Sie sind für den ganzen Bereich der Tabellenwerte ausgerechnet und in Tabelle 3 in Abhängigkeit von $K\sqrt{2}\,\varphi_0$ zusammengestellt.

2·

Ermittlung der Deformationen am Schalenrand. Aus Gl. (12) und (16) folgt mit Gl. (33), (34), (35), (36), (37) und (38) für die Deformationen am Schalenrand

$$\chi_0 = \quad X_c \, \frac{N_r}{E\,s\,\varphi_0} - X_d \, \frac{M_r}{E\,s^2\,\varphi_0} \,,$$
$$\frac{w_0}{s} = - W_c \, \frac{N_r}{E\,s\,\varphi} + W_d \, \frac{M_r}{E\,s^2\,\varphi_0} \tag{40}$$

mit den Abkürzungen

$$X_c = - \frac{(K\sqrt{2}\,\varphi_0)^2 (Z_3\,Z_3' + Z_4\,Z_4')}{(Z_3\,Z_4' - Z_4\,Z_3') + \dfrac{3}{4\,K\sqrt{2}\,\varphi_0}\,(Z_3'^2 + Z_4'^2)} \,,$$

$$X_d = + \frac{(K\sqrt{2}\,\varphi_0)(Z_3'^2 + Z_4'^2)\cdot 2\sqrt{3(1-\nu^2)}}{(Z_3\,Z_4' - Z_4\,Z_3') + \dfrac{3}{4\,K\sqrt{2}\,\varphi_0}\,(Z_3'^2 + Z_4'^2)} \,,$$

$$W_c = + \frac{(K\sqrt{2}\,\varphi_0)^3 (Z_3^2 + Z_4^2) - 2(K\sqrt{2}\,\varphi_0)^2 (Z_3'\,Z_4 - Z_4'\,Z_3) + \dfrac{15}{16}(K\sqrt{2}\,\varphi_0)(Z_3'^2 + Z_4'^2)}{\left[(Z_3\,Z_4' - Z_4\,Z_3') + \dfrac{3}{4\,K\sqrt{2}\,\varphi_0}\,(Z_3'^2 + Z_4'^2)\right] 2\sqrt{3(1-\nu^2)}} \,,$$

$$W_d = - \frac{(K\sqrt{2}\,\varphi_0)^2 (Z_3\,Z_3' + Z_4\,Z_4')}{(Z_3\cdot Z_4' - Z_4\,Z_3') + \dfrac{3}{4\,K\sqrt{2}\,\varphi_0}\,(Z_3'^2 + Z_4'^2)} \,. \tag{41}$$

Die Konstanten X_c, X_d, W_c und W_d sind Funktionen von $K\sqrt{2}\,\varphi_0$. Sie sind für den ganzen Bereich der Tabellenwerte ausgerechnet und in Abb. 5 in Abhängigkeit von $K\varphi_0$ aufgetragen.

Ermittlung der inneren Kräfte. Aus Gl. (10), (11) und (15) folgt mit Gl. (33), (34), (35), (36) und (39) für die inneren Kräfte

$$N = C^* \cdot n_c + D^* \cdot n_d \,,$$
$$T = C^* \cdot t_c + D^* \cdot t_d \,, \tag{42}$$
$$\frac{M}{s} = C^* \cdot m_c + D^* m_d$$

mit den Abkürzungen

$$n_c = -\sqrt{2}\,\frac{Z_3'}{K\sqrt{2}\,\varphi} \,,$$
$$n_d = -\sqrt{2}\,\frac{Z_4'}{K\sqrt{2}\,\varphi} \,,$$
$$t_c = \sqrt{2}\left(-Z_4 + \frac{Z_3'}{K\sqrt{2}\,\varphi}\right) \,,$$
$$t_d = \sqrt{2}\left(Z_3 + \frac{Z_4'}{K\sqrt{2}\,\varphi}\right) \,, \tag{43}$$
$$m_c = \frac{1}{\sqrt{6(1-\nu^2)}}\left(Z_3 + \frac{3}{4\,K\sqrt{2}\,\varphi}\cdot Z_4'\right) \,,$$
$$m_d = \frac{1}{\sqrt{6(1-\nu^2)}}\left(Z_4 - \frac{3}{4\,K\sqrt{2}\,\varphi}\cdot Z_3'\right) \,.$$

Die Veränderlichen n_c, n_d, t_c, t_d, m_c und m_d sind Funktionen von $K \sqrt{2}\, \varphi$. Sie sind für den ganzen Bereich der Tabellenwerte ausgerechnet und in Tabelle 4 in Abhängigkeit von $K \sqrt{2}\, \varphi$ zusammengestellt.

β) Asymptotische Darstellung.

Lösung der Differentialgleichung.

$$Q = -C \sqrt{\frac{2}{\pi (K \sqrt{2}\, \varphi)}} \cdot e^{-K\varphi} \cdot \sin\left(K\varphi - \frac{\pi}{8}\right) + D \cdot \sqrt{\frac{2}{\pi (K \sqrt{2}\, \varphi)}} \cdot e^{-K\varphi} \cdot \cos\left(K\varphi - \frac{\pi}{8}\right)$$

$$= \sqrt{\frac{\sqrt{2}}{\pi}} \cdot \frac{e^{-K\varphi}}{\sqrt{K\varphi}} \left[-C \cdot \sin\left(K\varphi - \frac{\pi}{8}\right) + D \cdot \cos\left(K\varphi - \frac{\pi}{8}\right) \right]. \qquad (44)$$

Zum Einsetzen in die Formeln für die inneren Kräfte und die Deformationen werden die Ableitungen von Q bis zur dritten Ordnung gebraucht.

$$\frac{dQ}{d\varphi} = \sqrt{\frac{\sqrt{2}}{\pi}} \cdot \frac{e^{-K\varphi}}{\sqrt{K\varphi}} \left[\left(C \cdot K + \frac{C}{2\varphi} - D \cdot K \right) \cdot \sin\left(K\varphi - \frac{\pi}{8}\right) - \right.$$
$$\left. - \left(D \cdot K + \frac{D}{2\varphi} + C \cdot K \right) \cdot \cos\left(K\varphi - \frac{\pi}{8}\right) \right],$$

$$\frac{d^2Q}{d\varphi^2} = \sqrt{\frac{\sqrt{2}}{\pi}} \cdot \frac{e^{-K\varphi}}{\sqrt{K\varphi}} \left[\left(2D \cdot K^2 + \frac{D \cdot K}{\varphi} - \frac{CK}{\varphi} - \frac{3}{4} \cdot \frac{C}{\varphi^2} \right) \sin\left(K\varphi - \frac{\pi}{8}\right) + \right. \qquad (45)$$
$$\left. + \left(2C \cdot K^2 + \frac{CK}{\varphi} + \frac{D \cdot K}{\varphi} + \frac{3}{4} \cdot \frac{D}{\varphi^2} \right) \cdot \cos\left(K\varphi - \frac{\pi}{8}\right) \right],$$

$$\frac{d^3Q}{d\varphi^3} = \sqrt{\frac{\sqrt{2}}{\pi}} \cdot \frac{e^{-K\varphi}}{\sqrt{K\varphi}} \left[\left(-2D \cdot K^3 - \frac{3D \cdot K^2}{\varphi} - \frac{9}{4} \cdot \frac{D \cdot K}{\varphi^2} - 2C \cdot K^3 + \frac{9}{4} \cdot \frac{CK}{\varphi^2} + \right. \right.$$
$$\left. + \frac{15}{8} \cdot \frac{C}{\varphi^3} \right) \sin\left(K\varphi - \frac{\pi}{8}\right) + \left(-2C \cdot K^3 - \frac{3C \cdot K^2}{\varphi} - \frac{9}{4} \cdot \frac{C \cdot K}{\varphi^2} + \right.$$
$$\left. \left. + 2D \cdot K^3 - \frac{9}{4} \cdot \frac{D \cdot K}{\varphi_2} - \frac{15}{8} \cdot \frac{D}{\varphi^3} \right) \cdot \cos\left(K\varphi - \frac{\pi}{8}\right) \right].$$

Ermittlung der Integrationskonstanten C und D. Aus Gl. (10) und (44) folgt für die Normalkraft am Schalenrand

$$N_r = \sqrt{\frac{\sqrt{2}}{\pi}} \cdot \frac{1}{\varphi_0} \cdot \frac{e^{-K\varphi}}{\sqrt{K\varphi_0}} \left[C \cdot \sin\left(K\varphi_0 - \frac{\pi}{8}\right) - D \cdot \cos\left(K\varphi_0 - \frac{\pi}{8}\right) \right].$$

Aus Gl. (15), (44) und (45) folgt für das Biegemoment am Schalenrand

$$M_r = C \left[V_1 \cdot \sin\left(K\varphi_0 - \frac{\pi}{8}\right) + V_2 \cdot \cos\left(K\varphi_0 - \frac{\pi}{8}\right) \right] +$$
$$+ D \left[V_2 \cdot \sin\left(K\varphi_0 - \frac{\pi}{8}\right) - V_1 \cdot \cos\left(K\varphi_0 - \frac{\pi}{8}\right) \right].$$

mit den Abkürzungen

$$V_1 = \left[2(K\varphi_0)^3 + \frac{3}{4}(K\varphi_0) + \frac{27}{16}\right] \frac{s \cdot K}{4\sqrt{3(1-\nu^2)}} \cdot \frac{1}{(K\varphi_0)^3} \cdot \frac{e^{-K\varphi_0}}{\sqrt{K\varphi_0}} \cdot \sqrt{\frac{\sqrt{2}}{\pi}},$$

$$V_2 = \left[2(K\varphi_0)^3 + \frac{1}{2}(K\varphi_0) - \frac{3}{4}(K\varphi_0)\right] \frac{s \cdot K}{4\sqrt{3(1-\nu^2)}} \cdot \frac{1}{(K\varphi_0)^3} \cdot \frac{e^{-K\varphi_0}}{\sqrt{K\varphi_0}} \cdot \sqrt{\frac{\sqrt{2}}{\pi}}$$

Bestimmungsgleichungen für die Integrationskonstanten

$$C \cdot \sin\left(K\varphi_0 - \frac{\pi}{8}\right) - D \cdot \cos\left(K\varphi_0 - \frac{\pi}{8}\right) = \sqrt{\frac{\pi}{\sqrt{2}}} \cdot N_r\varphi_0 \cdot \frac{\sqrt{K\varphi_0}}{e^{-K\varphi_0}},$$

$$C\left[V_1 \cdot \sin\left(K\varphi_0 - \frac{\pi}{8}\right) + V_2 \cdot \cos\left(K\varphi_0 - \frac{\pi}{8}\right)\right] +$$

$$+ D\left[V_2 \cdot \sin\left(K\varphi_0 - \frac{\pi}{8}\right) - V_1 \cdot \cos\left(K\varphi_0 - \frac{\pi}{8}\right)\right] = M_r.$$

Daraus ergeben sich die Integrationskonstanten zu

$$C = \frac{C_1}{K} \cdot N_r + \frac{C_2}{K} \cdot \frac{M_r}{s},$$

$$D = \frac{D_1}{K} \cdot N_r + \frac{D_2}{K} \cdot \frac{M_r}{s}$$

mit den Abkürzungen

$$C_1 = \sqrt{\frac{\pi}{\sqrt{2}}} \cdot \frac{\sqrt{K\varphi_0}}{e^{-K\varphi_0}} \cdot (K\varphi_0) \left[\sin\left(K\varphi_0 - \frac{\pi}{8}\right) - \frac{2(K\varphi_0)^3 + \frac{3}{4}(K\varphi_0) + \frac{27}{16}}{2(K\varphi_0)^3 + \frac{1}{2}(K\varphi_0)^2 - \frac{3}{4}(K\varphi_0)} \cdot \cos\left(K\varphi_0 - \frac{\pi}{8}\right)\right],$$

$$C_2 = \sqrt{\frac{\pi}{\sqrt{2}}} \cdot \frac{\sqrt{K\varphi_0}}{e^{-K\varphi_0}} (K\varphi_0)^3 \cdot 4\sqrt{3(1-\nu^2)} \cdot \frac{\cos\left(K\varphi_0 - \frac{\pi}{8}\right)}{2(K\varphi_0)^3 + \frac{1}{2}(K\varphi_0)^2 - \frac{3}{4}(K\varphi_0)},$$

$$D_1 = \sqrt{\frac{\pi}{\sqrt{2}}} \cdot \frac{\sqrt{K\varphi_0}}{e^{-K\varphi_0}} \cdot (K\varphi_0) \left[-\frac{2(K\varphi_0)^3 + \frac{3}{4}(K\varphi_0) + \frac{27}{16}}{2(K\varphi_0)^3 + \frac{1}{2}(K\varphi_0)^2 - \frac{3}{4}(K\varphi_0)} \cdot \sin\left(K\varphi_0 - \frac{\pi}{8}\right) - \cos\left(K\varphi_0 - \frac{\pi}{8}\right)\right]$$

$$D_2 = \sqrt{\frac{\pi}{\sqrt{2}}} \cdot \frac{\sqrt{K\varphi_0}}{e^{-K\varphi_0}} (K\varphi_0)^3 \cdot 4\sqrt{3(1-\nu^2)} \cdot \frac{\sin\left(K\varphi_0 - \frac{\pi}{8}\right)}{2(K\varphi_0)^3 + \frac{1}{2}(K\varphi_0)^2 - \frac{3}{4}(K\varphi_0)} \cdot$$

$$(46)$$

Damit in der weiteren Rechnung die Formeln möglichst kurz angeschrieben werden können, werden statt der Integrationskonstanten die Abkürzungen

$$C^* = K \cdot C = C_1 \cdot N_r + C_2 \cdot \frac{M_r}{s},$$

$$D^* = K \cdot D = D_1 \cdot N_r + D_2 \cdot \frac{M_r}{s} \tag{39}$$

eingeführt.

Die Konstanten C_1, C_2, D_1 und D_2 sind Funktionen von $K\,\varphi_0$. Sie sind für den Bereich $K\,\varphi_0 = 4$ bis $K\,\varphi_0 = 10$ ausgerechnet und in Tabelle 3 in Abhängigkeit von $K\,\varphi_0$ zusammengestellt.

Die aus der asymptotischen Darstellung gerechneten Werte weichen von den genauen Tabellenwerten nach Gl. (38) ab. Im Bereich $K\,\varphi_0 = 4$ bis $K\,\varphi_0 = 5$ wird der Übergang derart vermittelt, daß die Kurve von den Tabellenwerten ausgeht und sich ohne Knick der asymptotischen Darstellung angleicht.

Ermittlung der Deformationen am Schalenrand. Aus Gl. (12) und (16) folgt mit Gl. (37), (44), (45) und (46) für die Deformationen am Schalenrand

$$\chi_0 = X_c \frac{N_r}{E\,s\,\varphi_0} - X_d \cdot \frac{M_r}{E\,s^2\,\varphi_0},$$

$$\frac{w_0}{s} = -W_c \frac{N_r}{E\,s\,\varphi_0} + W_d \cdot \frac{M_r}{E\,s^2\,\varphi_0} \tag{40}$$

mit den Abkürzungen

$$X_c = \frac{4\,(K\,\varphi_0)^4 + 3\,(K\,\varphi_0) + \dfrac{9}{16}}{2\,(K\,\varphi_0)^2 + \dfrac{1}{2}\,(K\,\varphi_0) - \dfrac{3}{4}},$$

$$X_d = \frac{2\,(K\,\varphi_0)^3}{2\,(K\,\varphi_0)^2 + \dfrac{1}{2}\,(K\,\varphi_0) - \dfrac{3}{4}} \cdot 4\,\sqrt{3\,(1-\nu^2)},$$

$$W_c = \frac{4\,(K\,\varphi_0)^3 + 2\,(K\,\varphi_0)^2 + \dfrac{3}{8}\,(K\,\varphi_0) + \dfrac{9}{8}}{2\,(K\,\varphi_0)^2 + \dfrac{1}{2}\,(K\,\varphi_0) - \dfrac{3}{4}} \cdot \frac{(K\,\varphi_0)^2}{\sqrt{3\,(1-\nu^2)}}, \tag{47}$$

$$W_d = \frac{4\,(K\,\varphi_0)^4}{2\,(K\,\varphi_0)^2 + \dfrac{1}{2}\,(K\,\varphi_0) - \dfrac{3}{4}} \cdot$$

Die Konstanten X_c, X_d, W_c und W_d sind Funktionen von $K\varphi_0$. Sie sind für den Bereich $K\varphi_0 = 4$ bis $K\varphi_0 = 10$ ausgerechnet und auf Abb. 5 in Abhängigkeit von $K\varphi_0$ aufgetragen.

Das Übergangsstück zwischen der Kurve aus den Tabellenwerten nach Gl. (41) und der Kurve aus der asymptotischen Darstellung nach Gl. (47) ist vermittelt.

Ermittlung der inneren Kräfte. Aus Gl. (10), (11) und (15) folgt mit Gl. (39), (44) und (45) für die inneren Kräfte

$$N = C^* \cdot n_c + D^* \cdot n_d,$$
$$T = C^* \cdot t_c + D^* \cdot t_d, \qquad (42)$$
$$\frac{M}{s} = C^* \cdot m_c + D^* \cdot m_d$$

mit den Abkürzungen

$$n_c = \sqrt{\frac{\sqrt{2}}{\pi}} \cdot \frac{e^{-K\varphi}}{\sqrt{K\varphi}} \cdot \frac{\sin\left(K\varphi - \dfrac{\pi}{8}\right)}{K\varphi},$$

$$n_d = -\sqrt{\frac{\sqrt{2}}{\pi}} \cdot \frac{e^{-K\varphi}}{\sqrt{K\varphi}} \cdot \frac{\cos\left(K\varphi - \dfrac{\pi}{8}\right)}{K\varphi},$$

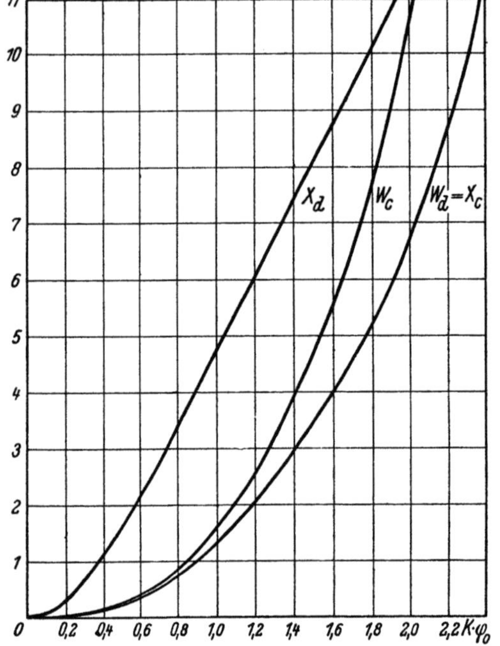

Abb. 5a. Beiwerte für die Randdeformationen der am Innenrand belasteten Kugelschale. Bereich kleiner Werte $K\varphi_0$.

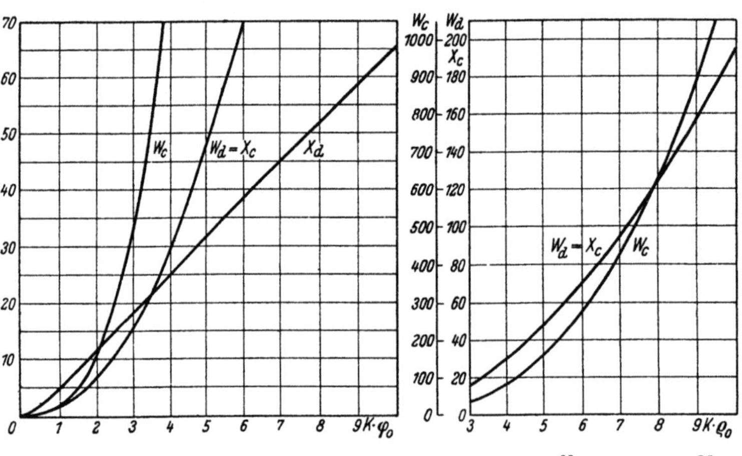

Abb. 5b. Beiwerte für die Randdeformationen der am Innenrand belasteten Kugelschale. Bereich großer Werte $K\varphi_0$.

$$\frac{w^0}{s} = -W_c \cdot \frac{N_r}{E s \varphi_0} + W_d \cdot \frac{M_r}{E s^2 \varphi_0}$$

$$\chi_0 = X_c \cdot \frac{N_r}{E s \varphi_0} - X_d \cdot \frac{M_r}{E s^2 \varphi_0}$$

$$l_c = \sqrt{\frac{\sqrt{2}}{\pi}} \cdot \frac{e^{-K\varphi}}{\sqrt{K\varphi}} \left[-\sin\left(K\varphi - \frac{\pi}{8}\right) - \frac{1}{2K\varphi} \cdot \sin\left(K\varphi - \frac{\pi}{8}\right) + \cos\left(K\varphi - \frac{\pi}{8}\right) \right],$$

$$l_d = \sqrt{\frac{\sqrt{2}}{\pi}} \cdot \frac{e^{-K\varphi}}{\sqrt{K\varphi}} \left[\cos\left(K\varphi - \frac{\pi}{8}\right) + \frac{1}{2K\varphi} \cdot \cos\left(K\varphi - \frac{\pi}{8}\right) + \sin\left(K\varphi - \frac{\pi}{8}\right) \right], \tag{48}$$

$$m_c = \sqrt{\frac{\sqrt{2}}{\pi}} \cdot \frac{e^{-K\varphi}}{\sqrt{K\varphi}} \cdot \frac{1}{(K\varphi)^3} \left[\left[2(K\varphi)^3 + \frac{3}{4}(K\varphi) + \frac{27}{16} \right] \cdot \sin\left(K\varphi - \frac{\pi}{8}\right) + \left[2(K\varphi)^3 + \frac{1}{2}(K\varphi)^2 - \frac{3}{4}K\varphi \right] \cos\left(K\varphi - \frac{\pi}{8}\right) \right] \frac{1}{4\sqrt{3(1-\nu^2)}},$$

$$m_d = \sqrt{\frac{\sqrt{2}}{\pi}} \cdot \frac{e^{-K\varphi}}{\sqrt{K\varphi}} \cdot \frac{1}{(K\varphi)^3} \left[\left[2(K\varphi)^3 + \frac{1}{2}(K\varphi)^2 - \frac{3}{4}(K\varphi) \right] \sin\left(K\varphi - \frac{\pi}{8}\right) - \left[2(K\varphi)^3 + \frac{3}{2}(K\varphi) + \frac{27}{16} \right] \cdot \cos\left(K\varphi - \frac{\pi}{8}\right) \right] \frac{1}{4\sqrt{3(1-\nu^2)}}.$$

Die Veränderlichen n_c, n_d, l_c, l_d, m_c und m_d sind Funktionen von $K\varphi$. Sie sind für den Bereich $K\varphi = 4$ bis $K\varphi = 10$ ausgerechnet und in Tabelle 4 in Abhängigkeit von $K\varphi$ zusammengestellt.

B. Krempe.

1. Überblick über die Stufenkörpermethode.

a) Allgemeines.

Die Krempe wird in Stufenkörper eingeteilt. Man denkt sich die Rotationsschale in einzelne Ringe zerlegt. Ein durch zwei Radialschnitte aus einem Ring herausgeschnittenes Stück von der Umfangslänge 1 wird als Stufenkörper bezeichnet (Abb. 6a).

Die Kräfte L_0, S_0 und M_0 und die Deformationen χ_0 und w_0 am Anfang des ersten Stufenkörpers sind als die Randwerte des Bodens bekannt. Die Kräfte an der Endschnittstelle des ersten Stufenkörpers werden mit Hilfe von Gleichgewichtsbedingungen errechnet aus den Kräften an der Anfangsschnittstelle, den Tangentialkräften, die abhängig von der Deformation an den Meridianschnitten des Körpers angreifen, und aus dem Innendruck, der auf den Körper unmittelbar wirkt. Die Deformationen an der Endschnittstelle ergeben sich aus

denen an der Anfangsschnittstelle und der Verbiegung und Längenänderung,
die der Stufenkörper selbst infolge der an ihm angreifenden Kräfte erfährt.

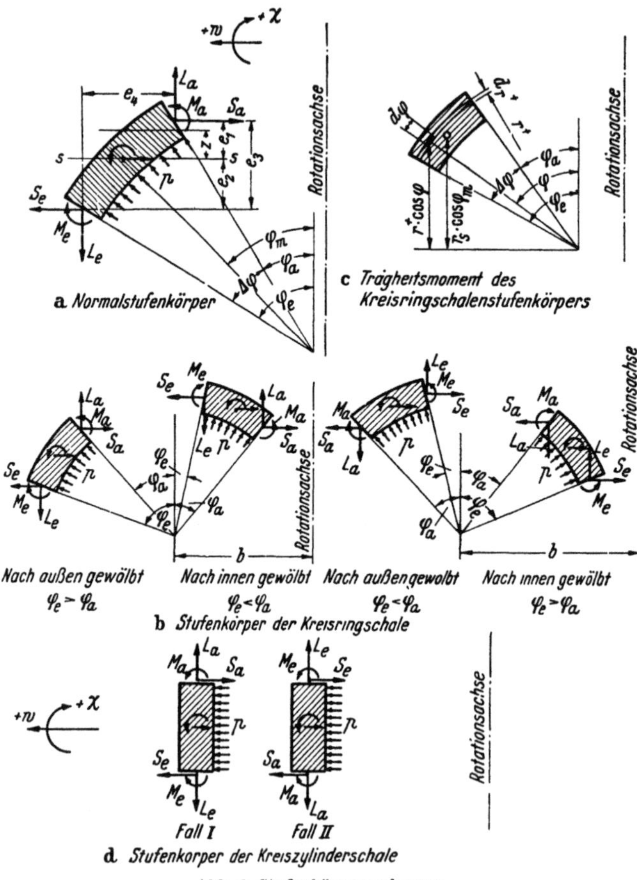

Abb. 6. Stufenkörperrechnung.

In gleicher Weise werden nacheinander alle folgenden Stufenkörper behandelt. Dabei sind die Kräfte und Deformationen am Anfang immer die Endwerte des vorhergehenden Stufenkörpers.

Die Methode ist eine für beliebige Rotationsschalen gültige Erweiterung des Verfahrens, das von SCHILHANSL[1] für zylindrische Schalen angewendet wird.

Die Stufenkörper der Kesselberechnung können Ausschnitte aus Kreisringschalen, Kugelschalen und Kreiszylinderschalen sein. Ausschnitte aus Kreisringschalen kommen bei allen Kesselformen mit Ausnahme des Halbkugelbodens vor, Ausschnitte aus Kugelschalen bei Öffnungswinkeln der Kugelschale $2\,\varphi_0 > 60°$ und Ausschnitte aus Kreiszylinderschalen nur bei genieteten Kesseln im Bereich der Überlappung.

b) Kräfte und Momente an der Endschnittstelle.

Beim Aufstellen der Gleichgewichtsbedingungen für die Endschnittstelle ist darauf zu achten, daß alle Kräfte auf den Umfang an der Endschnittstelle bezogen werden müssen.

Die Längskraft an jeder beliebigen Stelle kann unmittelbar aus der Gleichgewichtsbedingung bestimmt werden, daß sie dem Innendruck auf den Kesselboden bis zur Schnittstelle das Gleichgewicht halten muß:

$$L_e = \frac{p \cdot \varrho_e}{2}. \tag{49}$$

[1] SCHILHANSL, M., „Beitrag zur Berechnung von Flanschverbindungen", Zeitschrift Wasserkraft und Wasserwirtschaft, Jahrgang 1941.

Für die Radialkraft S_e an der Endschnittstelle ergibt sich
aus der Radialkraft S_a

$$\varDelta S_e = \frac{\varrho_a}{\varrho_e} \cdot S_a \tag{50}$$

aus den Tangentialkräften

$$\varDelta S_e = \frac{\varrho_m}{\varrho_e} \cdot \frac{\sigma_T F}{\varrho_m} = \frac{(E \cdot \varepsilon_T + \nu \cdot \sigma_N) \cdot F}{\varrho_e} = \frac{\left(E \cdot \dfrac{w}{\varrho_m} + \nu \cdot \dfrac{N}{s}\right) F}{\varrho_e} = \frac{E \cdot F}{\varrho_m \cdot \varrho_e} \cdot w + \frac{\nu \cdot F \cdot N}{\varrho_e \cdot s} \tag{51}$$

aus dem Innendruck unmittelbar

$$\varDelta S_e = \frac{\varrho_{im}}{\varrho_e} \int_{\varphi_a}^{\varphi_e} p \cdot \sin \varphi \cdot r_i \cdot d\varphi . \tag{52}$$

Zusammengefaßt:

$$S_e = \frac{\varrho_a}{\varrho_e} \cdot S_a + \frac{E \cdot F}{\varrho_m \cdot \varrho_e} \cdot w + \frac{\nu \cdot F \cdot N}{\varrho_e \cdot s} + \frac{\varrho_{im}}{\varrho_e} \int_{\varphi_a}^{\varphi_e} p \cdot \sin \varphi \cdot r_i \cdot d\varphi . \tag{53}$$

Bei der Ermittlung der Radialkraft aus den Tangentialkräften ist mit der mittleren Aufweitung

$$w = w_a + \chi_a \cdot e_1 \tag{54}$$

gerechnet. Die Radialkraft greift im Schwerpunkt des Stufenkörperquerschnittes an. Die ungleichmäßige Verteilung der Tangentialkräfte infolge der Neigung des Stufenkörpers ist dabei noch nicht berücksichtigt. — Für die mittlere Normalkraft N wird näherungsweise der Anfangswert N_a eingesetzt.

Für das Biegemoment M_e an der Endschnittstelle ergibt sich
aus der Radialkraft S_a

$$\varDelta M_e = - \frac{\varrho_a}{\varrho_e} \cdot S_a \cdot e_3 \tag{55}$$

aus der Längskraft L_a

$$\varDelta M_e = \frac{\varrho_a}{\varrho_e} \cdot L_a \cdot e_4 \tag{56}$$

aus dem Biegemoment M_a

$$\varDelta M_e = \frac{\varrho_a}{\varrho_e} \cdot M_a \tag{57}$$

aus der Radialkraft nach Gl. (51)

$$\varDelta M_e = - \left(\frac{E \cdot F}{\varrho_m \cdot \varrho_e} \cdot w + \frac{\nu \cdot F \cdot N}{\varrho_e \cdot s} \right) \cdot e_2 \tag{58}$$

aus der Verschiebung der Radialkraft nach Gl. (51) infolge der Neigungsänderung χ

$$\varDelta M_e = + \frac{\varrho_m}{\varrho_e} \int_{e_2}^{e_1} \frac{\sigma_t \cdot z \cdot dF}{\varrho_m} = + \frac{1}{\varrho_e} \int_{e_2}^{e_1} (E \cdot \varepsilon_T + \nu \cdot \sigma_N) z \cdot dF = + \frac{1}{\varrho_e} \int_{e_2}^{e_1} \left(E \cdot \frac{\chi \cdot z}{\varrho_m} + \nu \cdot \frac{N}{s} \right) z \cdot dF = + \frac{\chi \cdot E}{\varrho_m \cdot \varrho_e} \cdot \int_{e_2}^{e_1} z^2 \cdot dF + \frac{\nu \cdot N}{s \cdot \varrho_e} \int_{e_2}^{e_1} z \cdot dF = + \frac{E J_0}{\varrho_m \cdot \varrho_e} \cdot \chi \tag{59}$$

aus dem Innendruck unmittelbar

$$\varDelta M_e = \int\limits_{\varphi_a}^{\varphi_e} p \cdot r \cdot \sin(\varphi_e - \varphi)\, r_i \cdot d\varphi. \tag{60}$$

Zusammengefaßt:

$$M_e = -\frac{\varrho a}{\varrho e} \cdot S_a \cdot e_3 + \frac{\varrho a}{\varrho e} \cdot L_a \cdot e_4 + \frac{\varrho a}{\varrho e} \cdot M_a - \left(\frac{E \cdot F}{\varrho m \cdot \varrho e} \cdot w + \frac{v \cdot FN}{\varrho e \cdot \lambda} \cdot e_2 + \right.$$

$$\left. + \frac{E J_0}{\varrho m^2} \cdot \chi + \int\limits_{\varphi_a}^{\varphi_e} p \cdot r \cdot \sin(\varphi_e - \varphi) \cdot r_i \cdot d\varphi. \tag{61}\right.$$

Dabei ist näherungsweise angenommen, daß $\chi = \chi_a$ und $N = N_a$ über die ganze Länge des Stufenkörpers konstant sind.

c) Deformationen an der Endschnittstelle.

Für die Neigungsänderung χ_e an der Endschnittstelle ergibt sich aus der Neigungsänderung χ_a

$$\varDelta \chi_e = \chi_a \tag{62}$$

aus der Verbiegung des Stufenkörpers

$$\varDelta \chi_e = \int\limits_{\varphi_a}^{\varphi_e} \frac{M}{EJ} \cdot r \cdot d\varphi. \tag{63}$$

Zusammengefaßt:

$$\chi_e = \chi_a + \int\limits_{\varphi_a}^{\varphi_e} \frac{M}{EJ} \cdot r \cdot d\varphi. \tag{64}$$

Dabei wird angenommen, daß das Biegemoment linear von M_a auf M_e übergeht.

Für die radiale Aufweitung w_e an der Endschnittstelle ergibt sich aus der radialen Aufweitung w_a

$$\varDelta w_e = w_a \tag{65}$$

aus der Neigungsänderung χ_a

$$\varDelta w_e = \chi_a \cdot e_3 \tag{66}$$

aus der Verbiegung des Stufenkörpers

$$\varDelta w_e = \int\limits_{\varphi_a}^{\varphi_e} \frac{M}{EJ} \cdot r \,(\cos \varphi - \cos \varphi_e)\, r \cdot d\varphi \tag{67}$$

aus der Längenänderung des Stufenkörpers

$$\Delta w_e = \varepsilon_N \cdot e_4 = \left(\frac{N\,(1 - \nu^2)}{E\,s} - \nu \cdot \frac{w}{\varrho} \right) \cdot e_4 \tag{68}$$

Zusammengefaßt:

$$w_e = w_a + \chi_a \cdot e_3 + \int_{\varphi_a}^{\varphi_e} \frac{M}{E\,J} \cdot r\,(\cos\varphi - \cos\varphi_e)\,r \cdot d\varphi + \left(\frac{N\,(1 - \nu^2)}{E\,s} \right) - \nu \cdot \frac{w}{\varrho} \right) \cdot e_4 \tag{69}$$

Dabei wird angenommen, daß das Biegemoment linear von M_a auf M_e übergeht. Für N wird der Mittelwert $1/2\,(N_a + N_e)$, für w wird näherungsweise der Anfangswert w_a eingesetzt.

d) Innere Kräfte.

Für die Längskraft gilt

$$N = S \cdot \cos\varphi + L \cdot \sin\varphi \tag{70}$$

Für die Tangentialkraft gilt

$$T = \frac{E \cdot w}{\varrho} + \nu \cdot N \tag{71}$$

Für das Biegemoment gilt

$$M = M\,. \tag{72}$$

Bei der Berechnung der Längskraft ist auf das Vorzeichen des Winkels φ zu achten.

2. Auswertung für die Kreisringschale.

a) Kräfte und Momente an der Endschnittstelle.

Die Formeln werden zunächst für die nach außen gewölbte Kreisringschale und $\varphi_e > \varphi_a$ abgeleitet (Abb. 6 b).

Aus den Kräften und Momenten an der Anfangsschnittstelle. Aus Gl. (5) folgt für die Radialkraft

$$\frac{\Delta S_e}{E\,s} = \frac{\varrho_a}{\varrho_e} \cdot \frac{S_a}{E\,s}\,. \tag{73}$$

Aus Gl. (55), (56) und (57) folgt für das Biegemoment

$$\frac{\Delta M_e}{E\,s\,r} = \frac{\varrho_a}{\varrho_e} \cdot \frac{M_a}{E\,s\,r} + \frac{\varrho_a}{\varrho_e} \cdot \frac{S_a}{E\,s}\,(\cos\varphi_a - \cos\varphi_e) + \frac{\varrho_a}{\varrho_e} \cdot \frac{\varrho_a}{2\,s}\,(\sin\varphi_e - \sin\varphi_a)\,\frac{p}{E}$$

$$= \frac{\varrho_a}{\varrho_e} \cdot \frac{M_a}{E\,s\,r} - \frac{\varrho_a}{\varrho_e} \cdot \Delta\varphi \cdot \sin\varphi_m \cdot \frac{S_a}{E\,s} + \frac{\varrho_a^2}{2\,\varrho_e \cdot s} \cdot \Delta\varphi \cdot \cos\varphi_m \cdot \frac{p}{E}\,. \tag{74}$$

Aus den Tangentialkräften. Fläche des Stufenkörperquerschnitts

$$F = r \cdot s \cdot \Delta\varphi . \tag{75}$$

Trägheitsmoment des Stufenkörperquerschnitts (Bild 6 c)

$$J_0 = \int\limits_{r-\frac{s}{2}}^{r+\frac{s}{2}} \int\limits_{\varphi_a}^{\varphi_e} r^{+2} \cdot \cos^2\varphi \cdot r^+ \, d\varphi \cdot dr^+ - (r \cdot s \cdot \Delta\varphi)\, r_s^2 \cdot \cos^2\varphi_m ,$$

$$\frac{J_0}{r^3 \cdot s} = \left(1 + \frac{1}{4} \cdot \frac{s^2}{r^2}\right)\left(\frac{1}{2} \cdot \cos 2\varphi_m \cdot \sin\Delta\varphi + \frac{\Delta\varphi}{2}\right) - \Delta\varphi \left(1 + \frac{1}{12} \cdot \frac{s^2}{r^2}\right)^2 \cdot \frac{\sin^2\dfrac{\Delta\varphi}{2}}{\left(\dfrac{\Delta\varphi}{2}\right)^2} \cdot \cos^2\varphi_m$$

Wenn man annimmt, daß $r/s \geqq 5$ und Fehler von der Größenordnung 1% vernachlässigt, kann man kürzer schreiben

$$\frac{J_0}{r^3 \cdot s} = \frac{1}{2} \cdot \cos 2\varphi_m \cdot \sin\Delta\varphi + \frac{\Delta\varphi}{2} - \frac{4}{\Delta\varphi} \cdot \sin^2\frac{\Delta\varphi}{2} \cdot \cos^2\varphi_m .$$

Da $\Delta\varphi$ nach Voraussetzung ein kleiner Winkel ist, kann man $\sin\Delta\varphi$ und $\sin\Delta\varphi/2$ in einer Reihe anschreiben und diese nach dem zweiten Glied abbrechen

$$\sin\Delta\varphi = \Delta\varphi - \frac{\Delta\varphi^3}{6} .$$

$$\sin^2\frac{\Delta\varphi}{2} = \left(\frac{\Delta\varphi}{2} - \frac{\Delta\varphi^3}{48}\right)^2 = \frac{\Delta\varphi^2}{4} - \frac{\Delta\varphi^4}{48} .$$

Wenn man außerdem

$$\cos 2\varphi_m = 1 - 2 \cdot \sin^2\varphi_m$$

$$\cos^2\varphi_m = 1 - \sin^2\varphi_m$$

setzt, vereinfacht sich der Ausdruck für das Trägheitsmoment zu

$$\frac{J_0}{r^3 \cdot s} = \frac{\Delta\varphi^3}{12} \cdot \sin^2\varphi_m . \tag{76}$$

Aus Gl. (51) folgt mit Gl. (75) für die Radialkraft

$$\frac{\Delta S_e}{E\,s} = \frac{r \cdot \Delta\varphi}{\varrho_m \cdot \varrho_e}\left[w_a + \chi_a \cdot r\,(\cos\varphi_a - \cos\varphi_m)\right] + \frac{v \cdot r \cdot \Delta\varphi}{E\,s \cdot \varrho_e}\left[Q_a \cdot \cos\varphi_a + \frac{p \cdot \varrho_a}{2} \cdot \sin\varphi_a\right]$$

$$= \frac{r^2}{\varrho_m \cdot \varrho_e} \cdot \Delta\varphi \, \frac{w_a}{r} + \frac{r^2}{\varrho_m \cdot \varrho_e} \cdot \Delta\varphi\,(\cos\varphi_a - \cos\varphi_m) \cdot \chi_a + \tag{77}$$

$$+ \frac{r}{4\,\varrho_e} \cdot \Delta\varphi \cdot \cos\varphi_a \cdot \frac{Q_a}{E\,s} + \frac{r \cdot \varrho_a}{8\,s \cdot \varrho_e} \cdot \Delta\varphi \cdot \sin\varphi_a \, \frac{p}{E} .$$

Aus Gl. (58) und (59) folgt mit Gl. (75) und (76) für das Biegemoment

$$\frac{\Delta M_e}{E\,s\,r} = -\left[\frac{r^2}{\varrho_m \cdot \varrho_e} \cdot \Delta\varphi \cdot \frac{w_a}{r} + \frac{r^2}{\varrho_m \cdot \varrho_e} \cdot \Delta\varphi\,(\cos\varphi_a - \cos\varphi_m)\,\chi_a + \frac{r}{4\,\varrho_e} \cdot \Delta\varphi \cdot \cos\varphi_a \cdot \frac{Q_a}{E\,s}\right.$$

$$\left. + \frac{r \cdot \varrho_a}{8\,s\,\varrho_e} \cdot \Delta\varphi \cdot \sin\varphi_a \, \frac{p}{E}\right](\cos\varphi_m - \cos\varphi_e) + \frac{r^2}{\varrho_m \cdot \varrho_e} \cdot \frac{\Delta\varphi^3}{12} \cdot \sin^2\varphi_m \cdot \chi_a .$$

Die χ_a Glieder kann man zusammenfassen, wenn man die Winkelfunktionen entsprechend umformt.

$$(\cos \varphi_a - \cos \varphi_m)(\cos \varphi_m - \cos \varphi_e) = 2 \cdot \cos^2 \varphi_m \cdot \cos \frac{\Delta\varphi}{2} + \frac{1}{2} - 2 \cdot \cos^2 \varphi_m - \frac{1}{2} \cdot \cos \Delta\varphi.$$

Da $\Delta\varphi$ nach Voraussetzung ein kleiner Winkel ist, kann man $\cos \Delta\varphi$ und $\cos \Delta\varphi/2$ in einer Reihe anschreiben und diese nach dem zweiten Glied abbrechen.

$$\cos \Delta\varphi = 1 - \frac{\Delta\varphi^2}{2}$$

$$\cos \frac{\Delta\varphi}{2} = 1 - \frac{\Delta\varphi^2}{8}$$

Damit ergibt sich für die Winkelfunktionen

$$(\cos \varphi_a - \cos \varphi_m)(\cos \varphi_m - \cos \varphi_e) = \frac{\Delta\varphi^2}{4} \cdot \sin^2 \varphi_m$$

und für das Biegemoment

$$\frac{\Delta M_e}{E\,s\,r} = -\frac{r^2}{\varrho_m \cdot \varrho_e} \cdot \Delta\varphi \,(\cos \varphi_m - \cos \varphi_e) \frac{w_a}{r} - \frac{r^2}{\varrho_m \cdot \varrho_e} \cdot \frac{\Delta\varphi^3}{6} \cdot \sin^2 \varphi_m \cdot \chi_a - \tag{78}$$

$$-\frac{r}{4\,\varrho_e} \cdot \Delta\varphi \cdot \cos \varphi_a \,(\cos \varphi_m - \cos \varphi_e) \frac{S_a}{E\,s} - \frac{r \cdot \varrho_a}{8\,s \cdot \varrho_e} \cdot \Delta\varphi \cdot \sin \varphi_a \,(\cos \varphi_m - \cos \varphi_e) \frac{p}{E}$$

Aus dem Innendruck unmittelbar. Aus Gl. (52) folgt für die Radialkraft

$$\Delta S_e = \frac{\varrho_{im}}{\varrho_e} \int_{\varphi_a}^{\varphi_e} p \cdot \sin \varphi \cdot r_i \cdot d\varphi = \frac{\varrho_{im}}{\varrho_e} \cdot p \cdot r_i \cdot 2 \cdot \sin \varphi_m \cdot \sin \frac{\Delta\varphi}{2}$$

$$\frac{\Delta S_e}{E\,s} \approx \frac{\varrho_{im} \cdot r_i}{\varrho_e \cdot s} \cdot \Delta\varphi \cdot \sin \varphi_m \cdot \frac{p}{E}. \tag{79}$$

Aus Gl. (60) folgt für das Biegemoment

$$\Delta M_e = \frac{\varrho_{im}}{\varrho_e} \int_{\varphi_a}^{\varphi_e} p \cdot r \cdot \sin(\varphi_e - \varphi) \cdot r_i \cdot d\varphi = \frac{\varrho_{im}}{\varrho_e} \cdot p \cdot r \cdot r_i \,(1 - \cos \Delta\varphi)$$

$$\frac{\Delta M_e}{E\,s\,r} \approx \frac{\varrho_{im} \cdot r_i}{\varrho_e \cdot s} \cdot \frac{\Delta\varphi^2}{2} \frac{p}{E}. \tag{80}$$

Zusammenfassung. Aus Gl. (73), (77) und (79) folgt für die resultierende Radialkraft an der Endschnittstelle

$$\frac{S_e}{E\,s} = (F_1 + F_2) \cdot \frac{S_a}{E\,s} + F_3 \cdot \frac{w_a}{r} + F_4 \cdot \chi_a - (F_5 - F_6) \frac{p}{E} \tag{81}$$

mit den Abkürzungen

$$F_1 = \frac{\varrho_a}{\varrho_e} \qquad\qquad F_4 = F_3 \left(\cos \varphi_a - \cos \varphi_m\right),$$

$$F_2 = \frac{r}{4\,\varrho_e} \cdot \varDelta\varphi \cdot \cos \varphi_a \qquad F_5 = \frac{r_i \cdot \varrho_{im}}{s \cdot \varrho_e} \cdot \varDelta\varphi \cdot \sin \varphi_m, \qquad (82)$$

$$F_3 = \frac{r^2}{\varrho_m \cdot \varrho_e} \cdot \varDelta\varphi \qquad F_6 = \frac{r \cdot \varrho_a}{8\,s \cdot \varrho_e} \cdot \varDelta\varphi \cdot \sin \varphi_a.$$

Aus Gl. (74), (78) und (80) folgt für das resultierende Biegemoment an der Endschnittstelle

$$\frac{M_e}{E\,s\,r} = G_0 \cdot \frac{M_a}{E\,s\,r} - (G_1 + G_2)\,\frac{S_a}{E\,s} - G_3 \cdot \frac{w_a}{r} - G_4 \cdot \chi_a + (G_5 + G_6 - G_7)\,\frac{p}{E} \qquad (83)$$

mit den Abkürzungen

$$G_0 = F_1, \qquad\qquad G_4 = F_3 \cdot \frac{\varDelta\varphi^2}{6} \cdot \sin^2 \varphi_m,$$

$$G_1 = F_1 \cdot \varDelta\varphi \cdot \sin \varphi_m, \qquad G_5 = \frac{\varrho_a^2}{\varrho_e \cdot s} \cdot \frac{\varDelta\varphi}{2} \cdot \cos \varphi_m, \qquad (84)$$

$$G_2 = F_2 \left(\cos \varphi_m - \cos \varphi_e\right), \qquad G_6 = \frac{r_i \cdot \varrho_{im}}{s \cdot \varrho_e} \cdot \frac{\varDelta\varphi^2}{2},$$

$$G_3 = F_3 \left(\cos \varphi_m - \cos \varphi_e\right) \qquad G_7 = F_6 \left(\cos \varphi_m - \cos \varphi_e\right).$$

Die Gl. (81) und (83) sind für die nach außen gewölbte Kreisringschale und $\varphi_e > \varphi_a$ abgeleitet. Für andere Fälle (Abb. 6b) ändern sich nur die Vorzeichen.

Für die nach innen gewölbte Kreisringschale und $\varphi_a > \varphi_e$ gilt

$$\frac{S_e}{E\,s} = (F_1 + F_2)\,\frac{S_a}{E\,s} + F_3 \cdot \frac{w_a}{r} - F_4 \cdot \chi_a + (F_5 - F_6)\,\frac{p}{E} \qquad (85)$$

$$\frac{M_e}{E\,s\,r} = G_0 \cdot \frac{M_a}{E\,s\,r} + (G_1 + G_2)\,\frac{S_a}{E\,s} + G_3 \cdot \frac{w_a}{r} - G_4 \cdot \chi_a + (G_5 + G_6 - G_7)\,\frac{p}{E} \qquad (86)$$

Für die nach außen gewölbte Kreisringschale und $\varphi_a > \varphi_e$ gilt

$$\frac{S_e}{E\,s} = (F_1 - F_2)\,\frac{S_a}{E\,s} - F_3 \cdot \frac{w_a}{r} + F_4 \cdot \chi_a + (F_5 - F_6)\,\frac{p}{E} \qquad (87)$$

$$\frac{M_e}{E\,s\,r} = G_0 \cdot \frac{M_a}{E\,s\,r} + (G_1 - G_2)\,\frac{S_a}{E\,s} - G_3 \cdot \frac{w_a}{r} + G_4 \cdot \chi_a - (G_5 - G_6 + G_7)\,\frac{p}{E} \qquad (88)$$

Für die nach innen gewölbte Kreisringschale und $\varphi_a < \varphi_e$ gilt

$$\frac{S_e}{E\,s} = (F_1 - F_2)\,\frac{S_a}{E\,s} - F_3 \cdot \frac{w_a}{r} - F_4 \cdot \chi_a - (F_5 - F_6)\,\frac{p}{E} \qquad (89)$$

$$\frac{M_e}{E\,s\,r} = G_0 \cdot \frac{M_a}{E\,s\,r} - (G_1 - G_2)\,\frac{S_a}{E\,s} + G_3 \cdot \frac{w_a}{r} + G_4 \cdot \chi_a - (G_5 - G_6 + G_7)\,\frac{p}{E} \qquad (90)$$

Dabei ist der Winkel φ in allen Fällen positiv gerechnet.

b) Deformationen an der Endschnittstelle.

Die Formeln werden zunächst für die nach außen gewölbte Kreisringschale und $\varphi_e > \varphi_a$ abgeleitet.

Aus den Deformationen an der Anfangsschnittstelle. Aus Gl. (62) folgt für die Neigungsänderung

$$\Delta\chi_e = \chi_a. \tag{91}$$

Aus Gl. (65) und (66) folgt für die radiale Aufweitung

$$\frac{\Delta w_e}{r} = \frac{w_a}{r} + \chi_a \left(\cos \varphi_a - \cos \varphi_e\right) = \frac{w_a}{r} + \chi_a \cdot 2 \cdot \sin \varphi_m \cdot \sin \frac{\Delta\varphi}{2}$$

$$\frac{w_e}{r} \approx \frac{w_a}{r} + \chi_a \cdot \Delta\varphi \cdot \sin \varphi_m. \tag{92}$$

Aus der Verbiegung des Stufenkörpers. Für das Biegemoment an einer mittleren Stelle gilt

$$M = M_a + (M_e - M_a) \frac{\varphi - \varphi_a}{\Delta\varphi} = \frac{M_a \cdot \varphi_e - M_e \cdot \varphi_a}{\Delta\varphi} + \frac{M_e - M_a}{\Delta\varphi} \cdot \varphi. \tag{93}$$

Aus Gl. (63) folgt mit Gl. (93) für die Neigungsänderung

$$\Delta\chi_e = \frac{r}{EJ} \int_{\varphi_a}^{\varphi_e} \left(\frac{M_a \cdot \varphi_e - M_e \cdot \varphi_a}{\Delta\varphi} + \frac{M_e - M_d}{\Delta\varphi} \cdot \varphi \right) d\varphi$$

$$\Delta\chi_e = \frac{r^2}{s^2} \cdot 6 \cdot \Delta\varphi \cdot \frac{M_a + M_e}{E \, s \, r}. \tag{94}$$

Aus Gl. (67) folgt mit Gl. (93) für die radiale Aufweitung

$$\Delta w_e = \frac{r^2}{EJ} \int_{\varphi_a}^{\varphi_e} \left(\frac{M_a \cdot \varphi_e - M_e \cdot \varphi_a}{\Delta\varphi} + \frac{M_e - M_a}{\Delta\varphi} \cdot \varphi \right) (\cos \varphi - \cos \varphi_e) \, d\varphi$$

$$= \frac{r^2}{EJ} \cdot \frac{1}{\Delta\varphi} \left[M_a \left(- \Delta\varphi \cdot \sin \varphi_a - \frac{\Delta\varphi^2}{2} \cdot \cos \varphi_e + 2 \cdot \sin \varphi_m \cdot \sin \frac{\Delta\varphi}{2} \right) + \right.$$

$$\left. + M_e \left(\Delta\varphi \cdot \sin \varphi_e - \frac{\Delta\varphi^2}{2} \cdot \cos \varphi_e - 2 \cdot \sin \varphi_m \cdot \sin \frac{\Delta\varphi}{2} \right) \right].$$

Mit

$$\sin \varphi_a = \sin \varphi_m \left(1 - \frac{\Delta\varphi^2}{8}\right) - \cos \varphi_m \left(\frac{\Delta\varphi}{2} - \frac{\Delta\varphi^3}{48}\right),$$

$$\sin \varphi_e = \sin \varphi_m \left(1 - \frac{\Delta\varphi^2}{8}\right) + \cos \varphi_m \left(\frac{\Delta\varphi}{2} - \frac{\Delta\varphi^3}{48}\right),$$

$$\cos \varphi_e = \cos \varphi_m \left(1 - \frac{\Delta\varphi^2}{8}\right) - \sin \varphi_m \left(\frac{\Delta\varphi}{2} - \frac{\Delta\varphi^3}{48}\right)$$

wird

$$\Delta w_e = \frac{12\,r^2}{E \cdot s^3} \cdot \frac{1}{\Delta\varphi} \left[M_a \left(\frac{\Delta\varphi^3}{3} \cdot \sin \varphi_m - \frac{\Delta\varphi^5}{96} \cdot \sin \varphi_m + \frac{\Delta\varphi^4}{24} \cdot \cos \varphi_m \right) + \right.$$

$$\left. + M_e \left(\frac{\Delta\varphi^3}{6} \cdot \sin \varphi_m - \frac{\Delta\varphi^5}{96} \cdot \sin \varphi_m + \frac{\Delta\varphi^4}{24} \cdot \cos \varphi_m \right) \right].$$

Wenn man $\Delta\varphi^5/96 \cdot \sin \varphi_m$ gegenüber $\Delta\varphi^3/3 \cdot \sin \varphi_m$ vernachlässigt, ergibt sich für die Änderung der radialen Aufweitung durch die Verbiegung des Stufenkörpers

$$\frac{\Delta w_e}{r} = \frac{r}{E\,s^3} \cdot 2 \cdot \Delta\varphi^2 \left[M_a \left(2 \sin \varphi_m + \frac{\Delta\varphi}{4} \cdot \cos \varphi_m \right) + M_e \left(\sin \varphi_m + \frac{\Delta\varphi}{4} \cdot \cos \varphi_m \right) \right]. \tag{95}$$

Aus der Längenänderung des Stufenkörpers. Für die mittlere Normalkraft gilt näherungsweise

$$N = \frac{S_a + S_e}{2} \cdot \cos \varphi_m + \frac{p \cdot \varrho_{im}}{2} \cdot \sin \varphi_m. \tag{96}$$

Aus Gl. (68) folgt mit Gl. (96) für die radiale Aufweitung

$$\frac{\Delta w_e}{r} = \frac{1 - v^2}{2} \cdot \Delta\varphi \cdot \cos^2 \varphi_m \cdot \frac{S_a + S_e}{E\,s} - \frac{r}{4\,\varrho_a} \cdot \Delta\varphi \cdot \cos \varphi_m \cdot \frac{w_a}{r} +$$

$$+ \frac{1 - v^2}{2} \cdot \frac{\varrho_{im}}{s} \cdot \Delta\varphi \cdot \sin \varphi_m \cdot \cos \varphi_m \cdot \frac{p}{E}. \tag{97}$$

Zusammenfassung. Aus Gl. (91) und (94) folgt für die resultierende Neigungsänderung an der Endschnittstelle

$$\chi_e = \chi_a + H_1 \cdot \frac{M_a + M_e}{E\,s\,r} \tag{98}$$

mit der Abkürzung

$$H_1 = \frac{r^2}{s^2} \cdot 6 \cdot \Delta\varphi^2. \tag{99}$$

Aus Gl. (92), (95) und (97) folgt für die resultierende radiale Aufweitung an der Endschnittstelle

$$\frac{w_e}{r} = H_2 \cdot \frac{w_a}{r} + H_3 \cdot \chi_a + H_4 \cdot \frac{M_a}{E\,s\,r} + H_5 \cdot \frac{M_e}{E\,s\,r} + H_6 \cdot \frac{S_a + S_e}{E\,s} + H_7 \cdot \frac{p}{E} \tag{100}$$

mit den Abkürzungen

$$H_2 = 1 - \frac{r}{4\,\varrho_a} \cdot \Delta\varphi \cdot \cos \varphi_m \,,$$

$$H_3 = \Delta\varphi \cdot \sin \varphi_m \,,$$

$$H_4 = \frac{r^2}{s^2} \cdot 2 \cdot \Delta\varphi^2 \left(2 \cdot \sin \varphi_m + \frac{\Delta\varphi}{4} \cdot \cos \varphi_m \right),$$

$$H_5 = \frac{r^2}{s^2} \cdot 2 \cdot \Delta\varphi^2 \left(\sin \varphi_m + \frac{\Delta\varphi}{4} \cdot \cos \varphi_m \right),$$

$$H_6 = 0{,}469 \cdot \Delta\varphi \cdot \cos^2 \varphi_m \; {}^*$$

$$H_7 = 0{,}469 \frac{\varrho_{im}}{s} \cdot \Delta\varphi \cdot \sin \varphi_m \cdot \cos \varphi_m \,.$$

$$\tag{101}$$

${}^* \; 0{,}469 = \dfrac{1 - v^2}{2} \,.$

Die Gl. (98) und (100) sind für die nach außen gewölbte Kreisringschale und $\varphi_e > \varphi_a$ abgeleitet. Für andere Fälle (Abb. 6b) ändern sich nur die Vorzeichen.

Für die nach innen gewölbte Kreisringschale und $\varphi_a > \varphi_e$ gilt

$$\chi_e = \chi_a + H_1 \frac{M_a + M_e}{E\,s\cdot r}\,, \tag{102}$$

$$\frac{w_e}{r} = H_2 \cdot \frac{w_a}{r} - H_3 \cdot \chi_a - H_4 \cdot \frac{M_a}{E\,s\,r} - H_5 \cdot \frac{M_e}{E\,s\,r} + H_6 \frac{S_a + S_e}{2} - H_7 \cdot \frac{p}{E}\,. \tag{103}$$

Für die nach außen gewölbte Kreisringschale und $\varphi_a > \varphi_e$ gilt

$$\chi_e = \chi_a - H_1 \frac{M_a + M_e}{E\,s\,r}\,, \tag{104}$$

$$\frac{w_e}{r} = H_2 \cdot \frac{w_a}{r} - H_3 \cdot \chi_a + H_4 \cdot \frac{M_a}{E\,s\,r} + H_5 \cdot \frac{M_e}{E\,s\,r} + H_6 \frac{S_a + S_e}{2} - H_7 \cdot \frac{p}{E}\,. \tag{105}$$

Für die nach innen gewölbte Kreisringschale und $\varphi_a < \varphi_e$ gilt

$$\chi_e = \chi_a - H_1 \frac{M_a + M_e}{E\,s\,r}\,, \tag{106}$$

$$\frac{w_e}{r} = H_2 \cdot \frac{w_a}{r} + H_3 \cdot \chi_a - H_4 \cdot \frac{M_a}{E\,s\,r} - H_5 \cdot \frac{M_e}{E\,s\,r} - H_6 \cdot \frac{S_a + S_e}{E\,s} + H_7 \cdot \frac{p}{E}\,. \tag{107}$$

Dabei ist der Winkel φ in allen Fällen positiv gerechnet.

3. Auswertung für die Kugelschale.

Es gelten dieselben Formeln wie bei der Kreisringschale mit den Vereinfachungen

$$b = 0\,,$$
$$r = R\,, \tag{108}$$
$$\varrho = R \cdot \sin \varphi\,.$$

Die Kugelschale ist immer nach außen gewölbt.

Für $\varphi_e > \varphi_a$ gilt

$$\frac{S_e}{E\,s} = (F_1 + F_2) \frac{S_a}{E\,s} + F_3 \cdot \frac{w_a}{R} + F_4 \cdot \chi_a - (F_5 - F_6) \frac{p}{E} \tag{109}$$

$$\frac{M_e}{E\,s\,R} = G_6 \cdot \frac{M_a}{E\,s\,R} - (G_1 + G_2) \frac{S_a}{E\,s} - G_3 \cdot \frac{w_a}{R} - G_4 \cdot \chi_a + (G_5 + G_6 - G_7) \frac{p}{E} \tag{110}$$

$$\chi_e = \chi_a + H_1 \cdot \frac{M_a + M_e}{E\,s\cdot R} \tag{111}$$

$$\frac{w_e}{R} = H_2 \cdot \frac{w_a}{R} + H_3 \cdot \chi_a + H_4 \cdot \frac{M_a}{E\,s\,R} + H_5 \cdot \frac{M_e}{E\,s\,R} + H_6 \frac{S_a + S_e}{E\,s} + H_7 \cdot \frac{p}{E} \tag{112}$$

Für $\varphi_a > \varphi_e$ gilt

$$\frac{S_e}{E\,s} = (F_1 - F_2)\,\frac{S_a}{E\,s} - F_3 \cdot \frac{w_a}{R} + F_4 \cdot \chi_a + (F_5 - F_6)\,\frac{p}{E} \tag{113}$$

$$\frac{M_e}{E\,s\,R} = G_0 \cdot \frac{M_a}{E\,s\,R} + (G_1 - G_2)\,\frac{S_a}{E\,s} - G_3 \cdot \frac{w_a}{R} + G_4 \cdot \chi_a - (G_5 - G_6 + G_7)\,\frac{p}{E} \tag{114}$$

$$\chi_e = \chi_a + H_1 \cdot \frac{M_a + M_e}{E\,s \cdot R} \tag{115}$$

$$\frac{w_e}{R} = H_2 \cdot \frac{w_a}{R} - H_3 \cdot \chi_a + H_4 \cdot \frac{M_a}{E\,s\,R} + H_5\,\frac{M_e}{E\,s \cdot R} - H_6\,\frac{S_a + S_e}{E\,s} - H_7\,\frac{p}{E} \tag{116}$$

mit den Abkürzungen

$$F_1 = \frac{\sin \varphi_a}{\sin \varphi_e}, \qquad\qquad F_4 = F_3\,(\cos \varphi_a - \cos \varphi_m),$$

$$F_2 = \frac{\varDelta\varphi \cdot \cos \varphi_a}{4 \cdot \sin \varphi_e}. \qquad\qquad F_5 = \frac{R_i^2}{R \cdot s} \cdot \frac{\varDelta\varphi \cdot \sin^2 \varphi_m}{\sin \varphi_e}, \tag{117}$$

$$F_3 = \frac{\varDelta\varphi}{\sin \varphi_m \cdot \sin \varphi_e}, \qquad\qquad F_6 = \frac{R}{8\,s} \cdot \frac{\varDelta\varphi \cdot \sin^2 \varphi_a}{\sin \varphi_e}.$$

$$G_0 = F_1, \qquad\qquad\qquad G_4 = F_3 \cdot \frac{\varDelta\varphi^2}{6} \cdot \sin^2 \varphi_m,$$

$$G_1 = F_1 \cdot \varDelta\varphi \cdot \sin \varphi_m, \qquad\qquad G_5 = \frac{R}{2\,s} \cdot \frac{\varDelta\varphi \cdot \sin^2 \varphi_a \cdot \cos \varphi_m}{\sin \varphi_e},$$

$$G_2 = F_2\,(\cos \varphi_m - \cos \varphi_e), \qquad\qquad G_6 = \frac{R_i^2}{R \cdot s} \cdot \frac{\varDelta\varphi^2 \cdot \sin \varphi_m}{2 \cdot \sin \varphi_e}, \tag{118}$$

$$G_3 = F_3\,(\cos \varphi_m - \cos \varphi_e), \qquad\qquad G_7 = F_6\,(\cos \varphi_m - \cos \varphi_e).$$

$$H_1 = \frac{R^2}{s^2} \cdot 6 \cdot \varDelta\varphi,$$

$$H_2 = 1 - \frac{\varDelta\varphi \cdot \cos \varphi_m}{4 \cdot \sin \varphi_a},$$

$$H_3 = \varDelta \cdot \sin \varphi_m,$$

$$H_4 = \frac{R^2}{s^2} \cdot 2 \cdot \varDelta\varphi^2 \left(2 \cdot \sin \varphi_m + \frac{\varDelta\varphi}{4} \cdot \cos \varphi_m\right), \tag{119}$$

$$H_5 = \frac{R^2}{s^2} \cdot 2 \cdot \varDelta\varphi^2 \left(\sin \varphi_m + \frac{\varDelta\varphi}{4} \cdot \cos \varphi_m\right),$$

$$H_6 = 0{,}469\,\varDelta\varphi \cdot \cos^2 \varphi_m,$$

$$H_7 = 0{,}469 \cdot \frac{R_i}{s} \cdot \varDelta\varphi \cdot \sin^2 \varphi_m \cdot \cos \varphi_m.$$

4. Auswertung für die Kreiszylinderschale.

a) Kräfte und Momente an der Endschnittstelle.

Die Formeln werden zunächst für einen Stufenkörper Abb. 6d Fall I abgeleitet.

Aus den Kräften und Momenten an der Anfangsschnittstelle. Aus Gl. (50) folgt für die Radialkraft

$$\frac{\varDelta S}{E\,s} = \frac{S_a}{E\,s} \, . \tag{120}$$

Aus Gl. (55) und (56) folgt für das Biegemoment

$$\frac{\varDelta M_e}{E\,s\,\varDelta x} = \frac{M_a}{E\,s\,\varDelta x} - \frac{S_a}{E\,s} \, . \tag{121}$$

Aus den Tangentialkräften. Fläche des Stufenkörperschnittes

$$F = \varDelta x \cdot s \, . \tag{122}$$

Trägheitsmoment des Stufenkörperquerschnittes

$$J_0 = \frac{\varDelta x^3 \cdot s}{12} \, . \tag{123}$$

Aus Gl. (51) folgt mit Gl. (122) für die Radialkraft

$$\frac{\varDelta S_e}{E\,s} = \frac{\varDelta x^2}{a^2} \cdot \frac{w}{\varDelta x} + \frac{\varDelta x^2}{2\,a^2} \cdot \chi_a + \frac{\varDelta x}{4\,a} \cdot \frac{N}{E\,s} \, . \tag{124}$$

Aus Gl. (58) und (59) folgt mit Gl. (122) und (123) für das Biegemoment

$$\frac{\varDelta M_e}{E\,s\,\varDelta x} = - \frac{\varDelta x^2}{2\,a^2} \cdot \frac{w_a}{\varDelta x} - \frac{\varDelta x^2}{6\,a^2} \cdot \chi_a - \frac{\varDelta x}{8\,a} \cdot \frac{N}{E\,s} \, . \tag{125}$$

Die Normalkraft N ist unabhängig von den übrigen Kräften und von den Deformationen. Sie ist nur durch Gleichgewichtsbedingungen bestimmt.

Aus dem Innendruck unmittelbar. Aus Gl. (52) folgt für die Radialkraft

$$\frac{\varDelta S_e}{E\,s} = \frac{\varDelta x \cdot a_i}{s \cdot a} \cdot \frac{p}{E} \, . \tag{126}$$

Aus Gl. (60) folgt für das Biegemoment

$$\frac{\varDelta M_e}{E\,s\,\varDelta x} = \frac{\varDelta x \cdot a_i}{2\,s\,a} \cdot \frac{p}{E} \, . \tag{127}$$

Zusammenfassung. Aus Gl. (120), (124) und (126) folgt für die resultierende Radialkraft an der Endschnittstelle

$$\frac{S_e}{E\,s} = \frac{S_a}{E\,s} + F_3 \cdot \frac{w_a}{\varDelta x} + F_4 \cdot \chi_a + F_5 \cdot \frac{N}{E\,s} - F_6 \frac{p}{E} \tag{128}$$

mit den Abkürzungen

$$F_3 = \frac{\Delta x^2}{a^2}, \qquad\qquad F_5 = \frac{\Delta x}{4\,a}.$$

$$F_4 = \frac{\Delta x^2}{2\,a^2}, \qquad\qquad F_6 = \frac{\Delta x \cdot a_i}{s \cdot a}. \qquad\qquad (129)$$

Aus Gl. (121), (125) und (127) folgt für das resultierende Biegemoment an der Endschnittstelle

$$\frac{M_e}{E\,s\,\Delta x} = \frac{M_a}{E\,s\,\Delta x} - \frac{S_a}{E\,s} - G_3 \cdot \frac{w_a}{\Delta x} - G_4 \cdot \chi_a - G_5 \cdot \frac{N}{E\,s} + G_6\,\frac{p}{E} \qquad (130)$$

mit den Abkürzungen

$$G_3 = \frac{\Delta x^2}{2\,a^2}, \qquad\qquad G_5 = \frac{\Delta x}{8\,a},$$

$$G_4 = \frac{\Delta x^2}{6\,a^2}, \qquad\qquad G_6 = \frac{\Delta x \cdot a_i}{2\,s\,a}. \qquad\qquad (131)$$

Für den Stufenkörper Abb. 6d Fall II ändern sich nur die Vorzeichen

$$\frac{S_e}{E\,s} = \frac{S_a}{E\,s} - F_3 \cdot \frac{w_a}{\Delta x} + F_4 \cdot \chi_a - F_5\,\frac{N}{E\,s} + F_6 \cdot \frac{p}{E}, \qquad (132)$$

$$\frac{M_e}{E\,s\,\Delta x} = \frac{M_a}{E\,s\,\Delta x} + \frac{S_a}{E\,s} - G_3 \cdot \frac{w_a}{\Delta x} + G_4 \cdot \chi_a - G_5 \cdot \frac{N}{E\,s} + G_6 \cdot \frac{p}{E}. \qquad (133)$$

b) Deformationen an der Endschnittstelle.

Die Formeln werden zunächst für den Stufenkörper Abb. 6d Fall I abgeleitet.

Aus den Deformationen an der Anfangsschnittstelle. Aus Gl. (62) folgt für die Neigungsänderung

$$\chi_e = \chi_a. \qquad\qquad (134)$$

Aus Gl. (65) und (66) folgt für die radiale Aufweitung

$$\frac{\Delta w_e}{\Delta x} = \frac{\Delta w_a}{\Delta x} + \chi_a. \qquad\qquad (135)$$

Aus der Verbiegung des Stufenkörpers. Für das Biegemoment an einer mittleren Stelle gilt

$$M = M_a + (M_e - M_a)\,\frac{x - x_a}{\Delta x}. \qquad\qquad (136)$$

Aus Gl. (63) folgt mit Gl. (136) für die Neigungsänderung

$$\Delta\chi_e = \frac{1}{E\,J} \int_{x_a}^{x_e} \left[M_a + (M_e - M_a)\,\frac{x - x_a}{\Delta x} \right] dx,$$

$$\Delta\chi_e = \frac{\Delta x^2}{s^2} \cdot 6 \cdot \frac{M_a + M_e}{E\,s\,\Delta x}. \qquad\qquad (137)$$

Aus Gl. (67) folgt mit Gl. (136) für die radiale Aufweitung

$$\Delta w_e = \frac{1}{EJ} \int \left[M_a + (M_e - M_a)\,\frac{x - x_a}{\Delta x} \right] [x_e - x]\, dx$$

$$\frac{\Delta w_e}{\Delta x} = \frac{\Delta x^2}{s^2} \cdot 2 \cdot \frac{2\,M_a + M_e}{E\,s\,\Delta x}. \tag{138}$$

Zusammenfassung. Aus Gl. (134) und (137) folgt für die resultierende Neigungsänderung an der Endschnittstelle

$$\chi_e = \chi_a + H_1 \cdot \frac{M_a + M_e}{E\,s\,\Delta x} \tag{139}$$

mit der Abkürzung

$$H_1 = 6\,\frac{\Delta x^2}{s^2}. \tag{140}$$

Aus Gl. (135). und (138) folgt für die resultierende radiale Aufweitung an der Endschnittstelle

$$\frac{w_e}{\Delta x} = \frac{w_a}{\Delta x} + \chi_a + H_4\,\frac{2\,M_a + M_e}{E\,s\,\Delta x} \tag{141}$$

mit der Abkürzung

$$H_4 = 2\,\frac{\Delta x^2}{s^2}. \tag{142}$$

Für den Stufenkörper Abb. 6d Fall II ändern sich nur die Vorzeichen.

$$\chi_e = \chi_a - H_1 \cdot \frac{M_a + M_e}{E\,s\,\Delta x} \tag{143}$$

$$\frac{w_e}{\Delta x} = \frac{w_a}{\Delta x} - \chi_a + H_4 \cdot \frac{2\,M_a + M_e}{E\,s\cdot\Delta x}. \tag{144}$$

C. Mantel.

1. Membrantheorie.

Der Innendruck beansprucht den Mantel auf reinen Zug (Abb. 7a).

Innere Kräfte

$$N = \frac{p \cdot a}{2}, \tag{145}$$

$$T = p \cdot a. \tag{146}$$

Deformationen am Schalenrand

$$\frac{w_0}{s} = \varepsilon_T\,\frac{a}{s} = \frac{p \cdot a^2}{E \cdot s^2}\left(1 - \frac{\nu}{2}\right) = \frac{7}{8} \cdot \frac{a^2}{s^2} \cdot \frac{p}{E}, \tag{147}$$

$$\chi_0 = 0. \tag{148}$$

2. Biegetheorie.

a) Differentialgleichung der Kreiszylinderschale.

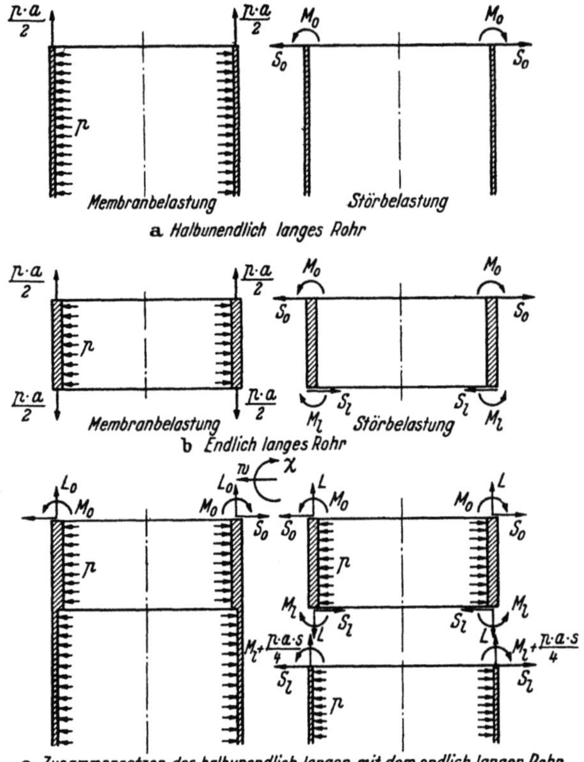

Abb. 7. Kreiszylinderschale.

An der Schnittstelle überlagern sich der Normalkraft, die dem reinen Membranspannungszustand entspricht, noch ein Biegemoment und eine Radialkraft. Die Spannungen und Deformationen aus dieser Störbelastung, die eine Gleichgewichtsgruppe für sich bildet, werden nach der Biegetheorie der Kreiszylinderschalen gerechnet, wie sie in dem Buch von W. FLÜGGE[1] zusammengestellt ist.

Für Kreiszylinderschalen mit konstanter Wandstärke, die nur am Schalenrand belastet sind, gilt die Differentialgleichung

$$\frac{E \cdot s^3}{12\,(1 - \nu^2)} \cdot w^{(IV)} + \frac{E \cdot s}{a^2} \cdot w = 0. \tag{149}$$

Ihre Lösung lautet

$$w = e^{-\frac{\lambda x}{a}}\left(K_1 \cdot \cos \frac{\lambda x}{a} + K_2 \cdot \sin \frac{\lambda x}{a}\right) + e^{\frac{\lambda x}{a}}\left(K_3 \cdot \cos \frac{\lambda \cdot x}{a} + K_4 \cdot \sin \frac{\lambda x}{a}\right) \tag{150}$$

mit

$$\lambda^4 = 3\,\frac{a^2}{s^2}\,(1 - \nu^2). \tag{151}$$

Die Funktion $e^{-\frac{\lambda x}{a}}$ nimmt mit größer werdendem x, die Funktion $e^{\frac{\lambda \cdot x}{a}}$ mit kleiner werdendem x ab. Da die Spannungen aus der Störbelastung vom Rand her abklingen, gehören $e^{-\frac{\lambda x}{a}}$ und damit die Integrationskonstanten K_1 und K_2 zum Anfang und $e^{\frac{\lambda \cdot x}{a}}$ und damit die Integrationskonstanten K_3 und K_4 zum Ende der Kreiszylinderschale.

---

[1] FLÜGGE, W., Statik und Dynamik der Schalen, Kapitel VI. Berlin: Springer 1934.

Für den Zusammenhang zwischen der Aufweitung w und den inneren Kräften gilt unter Vernachlässigung aller von höherer Ordnung kleinen Größen:

$$M = \frac{E \cdot s^3}{12\,(1 - \nu^2)} \cdot \frac{d^2 w}{d x^2}, \tag{152}$$

$$Q = \frac{E \cdot s^3}{12\,(1 - \nu^2)} \cdot \frac{d^3 w}{d x^3}, \tag{153}$$

$$T = \frac{E \cdot s}{a} \cdot w. \tag{154}$$

Die vier Integrationskonstanten der Gl. (150) gestatten es, vier Randbedingungen zu erfüllen. Man kann am Anfang und am Ende der Kreiszylinderschale je zwei Kräfte vorgeben, ein Biegemoment und eine Radialkraft. Eine Längskraft ist aus Gleichgewichtsgründen nicht möglich.

b) Auswertung für das halbunendlich lange Rohr.

Lösung der Differentialgleichung. Die beiden Böden eines Kessels sind immer so weit voneinander entfernt, daß die Störbelastungen an den Enden sich gegenseitig nicht beeinflussen. Der Mantel kann daher als halbunendlich langes Rohr gerechnet werden, bei dem die Integrationskonstanten K_3 und K_4 Null sind. Für die radiale Aufweitung gilt der Ansatz

$$w = e^{-\frac{\lambda \cdot x}{a}} \left[K_1 \cdot \cos \frac{\lambda \cdot x}{a} + K_2 \cdot \sin \frac{\lambda \cdot x}{a} \right]. \tag{155}$$

Zum Einsetzen in die Formeln für die inneren Kräfte werden die Ableitungen von w bis zur dritten Ordnung gebraucht.

$$\frac{dw}{dx} = \frac{\lambda}{a} \cdot e^{-\frac{\lambda \cdot x}{a}} \left[(-K_1 + K_2) \cos \frac{\lambda \cdot x}{a} - (K_1 + K_2) \sin \frac{\lambda \cdot x}{a} \right],$$

$$\frac{d^2 w}{d x^2} = 2\,\frac{\lambda^2}{a^2} \cdot e^{-\frac{\lambda x}{a}} \left[-K_2 \cdot \cos \frac{\lambda x}{a} + K_1 \cdot \sin \frac{\lambda a}{a} \right]. \tag{156}$$

$$\frac{d^3 w}{d x^3} = 2 \cdot \frac{\lambda^3}{a^3} \cdot e^{-\frac{\lambda \cdot x}{a}} \left[(K_1 + K_2) \cos \frac{\lambda x}{a} + (-K_1 + K_2) \sin \frac{\lambda \cdot x}{a} \right].$$

Ermittlung der Integrationskonstanten K_1 und K_2. Aus Gl. (152) folgt mit Gl. (156) für das Biegemoment am Schalenrand

$$M_0 = \frac{E\,s^3}{12\,(1 - \nu^2)} \cdot 2 \cdot \frac{\lambda^2}{a^2}\,(-K_2).$$

Aus Gl. (153) folgt mit Gl. (156) für die Querkraft am Schalenrand

$$Q_0 = \frac{E \cdot s^3}{12\,(1 - \nu^2)} \cdot 2 \cdot \frac{\lambda^3}{a^3}\,(K_1 + K_2)$$

Bestimmungsgleichungen für die Integrationskonstanten

$$K_2 = - M_0 \frac{6\,(1 - \nu^2)\,a^2}{E \cdot \lambda^2 \cdot s^3}\,,$$

$$K_1 + K_2 = + Q_0 \frac{6\,(1 - \nu^2)\,a^3}{E \cdot \lambda^3\,s^3}\,.$$

Daraus ergeben sich unter Benutzung von Gl. (151) die Integrationskonstanten zu

$$K_1 = \frac{2 \cdot \lambda^2}{E\,s} \cdot \left(Q_0 \cdot \frac{a}{\lambda} + M_0\right),$$

$$K_2 = - \frac{2\,\lambda^2}{E\,s} \cdot M_0. \tag{157}$$

Ermittlung der Deformationen am Schalenrand. Aus Gl. (155) folgt mit Gl. (157) für die radiale Aufweitung am Schalenrand

$$w_0 = \frac{2\,\lambda^2}{E\,s} \left(\left(Q_0 \cdot \frac{a}{\lambda} + M_0\right).\right. \tag{158}$$

Aus Gl. (156) folgt mit Gl. (157) für die Neigungsänderung am Schalenrand

$$\chi_0 = - \frac{2\,\lambda^2}{E\,s} \left(Q_0 + 2\,M_0 \frac{\lambda}{a}\right). \tag{159}$$

Ermittlung der inneren Kräfte. Aus Gl. (152) und (154) folgt mit Gl. (157) für die innern Kräfte

$$T = \frac{Q_0 \cdot a}{\lambda \cdot s} \cdot t_q + \frac{M_0}{s} \cdot t_m\,,$$

$$M = \frac{Q_0 \cdot a}{\lambda} \cdot m_q + M_0 \cdot m_m. \tag{160}$$

mit den Abkürzungen

$$l_q = 2 \sqrt{3\,(1 - \nu^2)} \cdot e^{-\frac{\lambda x}{a}} \cdot \cos \frac{\lambda x}{a}\,,$$

$$l_m = 2 \sqrt{3\,(1 - \nu^2)} \cdot e^{-\frac{\lambda x}{a}} \left(\cos \frac{\lambda x}{a} - \sin \frac{\lambda x}{a}\right),$$

$$m_q = e^{-\frac{\lambda x}{a}} \cdot \sin \frac{\lambda x}{a}\,,$$

$$m_m = e^{-\frac{\lambda x}{a}} \left(\cos \frac{\lambda x}{a} + \sin \frac{\lambda x}{a}\right). \tag{161}$$

Die Veränderlichen l_q, l_m, m_q und m_m sind Funktionen von $\lambda \cdot x/a$. Sie sind für den Bereich $\lambda\,x/a = 0$ bis $\lambda\,x/a = 8{,}0$ ausgerechnet und in Tabelle 5 in Abhängigkeit von $\lambda\,x/a$ zusammengestellt.

c) Auswertung für das endlich lange Rohr.

Lösung der Differentialgleichung. Wenn die Deformationen an der Nietnaht mit der Differentialgleichung errechnet werden sollen, werden die Formeln für das endlich lange Rohr gebraucht. Es gilt die vollständige Lösung der Differentialgleichung

$$w = e^{-\frac{\lambda \cdot x}{a}}\left[K_1 \cdot \cos \frac{\lambda x}{a} + K_2 \cdot \sin \frac{\lambda x}{a}\right] + e^{\frac{\lambda x}{a}}\left[K_3 \cdot \cos \frac{\lambda x}{a} + K_4 \cdot \sin \frac{\lambda x}{a}\right]. \qquad (150)$$

Zum Einsetzen in die Formeln für die innern Kräfte werden die Ableitungen von w bis zur dritten Ordnung gebraucht.

$$
\begin{aligned}
\frac{dw}{dx} &= \frac{\lambda}{a} \cdot e^{-\frac{\lambda x}{a}}\left[(-K_1 + K_2) \cdot \cos \frac{\lambda x}{a} - (K_1 + K_2)\sin \frac{\lambda x}{a}\right] + \\
&\quad + \frac{\lambda}{a} \cdot e^{\frac{\lambda x}{a}}\left[(\;K_3 + K_4)\;\cos \frac{\lambda x}{a} - (K_3 - K_4)\sin \frac{\lambda x}{a}\right], \\[2mm]
\frac{d^2 w}{da^2} &= 2\frac{\lambda^2}{a^2} \cdot e^{-\frac{\lambda x}{a}}\left[-K_2 \cdot \cos \frac{\lambda x}{a} + K_1 \cdot \sin \frac{\lambda x}{a}\right] + \\
&\quad + 2\frac{\lambda^2}{a^2} \cdot e^{\frac{\lambda x}{a}}\left[\;\;K_4 \cdot \cos \frac{\lambda x}{a} - K_3 \cdot \sin \frac{\lambda x}{a}\right], \\[2mm]
\frac{d^3 w}{dx^3} &= 2\frac{\lambda^3}{a^3} \cdot e^{-\frac{\lambda x}{a}}\left[(\;\;K_1 + K_2)\cos \frac{\lambda x}{a} - (K_1 - K_2)\sin \frac{\lambda x}{a}\right] + \\
&\quad + 2\frac{\lambda^3}{a^3} \cdot e^{\frac{\lambda x}{a}}\left[(-K_3 + K_4)\cos \frac{\lambda x}{a} - (K_3 + K_4)\sin \frac{\lambda x}{a}\right].
\end{aligned}
\qquad (162)
$$

Ermittlung der Integrationskonstanten K_1, K_2, K_3 und K_4. Die Integrationskonstanten werden durch die Kräfte an der Stelle $x = 0$ und an der Stelle $x = l$ bestimmt.

$$x = 0: \quad M = M_0 \qquad\qquad x = l: \quad M = M_l$$
$$ \quad Q = Q_0 \qquad\qquad\qquad\;\; Q = Q_l.$$

Aus Gl. (152) und (153) folgt mit Gl. (162) für die Kräfte an der Stelle $x = 0$.

$$M_0 = \frac{E \cdot s^3}{12\,(1 - \nu^2)} \cdot 2\frac{\lambda^2}{a^2}(-K_2 + K_4),$$

$$Q_0 = \frac{E \cdot s^3}{12\,(1 - \nu^2)} \cdot 2\frac{\lambda^3}{a^3}(K_1 + K_2 - K_3 + K_4).$$

Aus Gl. (152) und (153) folgt mit Gl. (162) für die Kräfte an der Stelle $x = l$.

$$M_l = \frac{E \cdot s^3}{12\,(1 - \nu^2)} \cdot 2 \cdot \frac{\lambda^2}{a^2}\left[-K_2 \cdot e^{-\frac{\lambda \cdot l}{a}} \cdot \cos \frac{\lambda \cdot l}{a} + K_1 \cdot e^{-\frac{\lambda \cdot l}{a}} \cdot \sin \frac{\lambda \cdot l}{a} + \right.$$
$$\left. + K_4 \cdot e^{\frac{\lambda \cdot l}{a}} \cdot \cos \frac{\lambda \cdot l}{a} - K_3 \cdot e^{\frac{\lambda \cdot l}{a}} \sin \frac{\lambda \cdot l}{a}\right],$$

$$Q_l = \frac{E \cdot s^3}{12(1-\nu^2)} \cdot 2 \cdot \frac{\lambda^3}{a^3} \Bigg[(K_1 + K_2)\, e^{-\frac{\lambda \cdot l}{a}} \cdot \cos\frac{\lambda \cdot l}{a} - (K_1 - K_2)\, e^{-\frac{\lambda \cdot l}{a}} \cdot \sin\frac{\lambda \cdot l}{a} -$$

$$- (K_3 - K_4)\, e^{\frac{\lambda \cdot l}{a}} \cdot \cos\frac{\lambda \cdot l}{a} - (K_3 + K_4)\, e^{\frac{\lambda \cdot l}{a}} \cdot \sin\frac{\lambda \cdot l}{a} \Bigg] .$$

Bestimmungsgleichungen für die Integrationskonstanten

$$- K_2 + K_4 = M_0\, \frac{6(1-\nu^2) \cdot a^2}{E \cdot s^3 \cdot \lambda^2} ,$$

$$K_1 + K_2 - K_3 + K_4 = Q_0\, \frac{6(1-\nu^2)\, a^3}{E \cdot s^3 \cdot \lambda^3} ,$$

$$- K_2 \cdot e^{-\frac{\lambda \cdot l}{a}} \cdot \cos\frac{\lambda \cdot l}{a} + K_1 \cdot e^{-\frac{\lambda l}{a}} \cdot \sin\frac{\lambda l}{a} +$$

$$+ K_4 \cdot e^{\frac{\lambda \cdot l}{a}} \cdot \cos\frac{\lambda \cdot l}{a} - K_3 \cdot e^{\frac{\lambda \cdot l}{a}} \cdot \sin\frac{\lambda \cdot l}{a} = M_l\, \frac{6(1-\nu^2)\, a^2}{E \cdot s^3 \cdot \lambda^2} ,$$

$$K_1 \cdot e^{-\frac{\lambda \cdot l}{a}} \left(\cos\frac{\lambda \cdot l}{a} - \sin\frac{\lambda l}{a} \right) + K_2 \cdot e^{-\frac{\lambda l}{a}} \left(\cos\frac{\lambda l}{a} + \sin\frac{\lambda l}{a} \right) -$$

$$- K_3 \cdot e^{\frac{\lambda l}{a}} \left(\cos\frac{\lambda l}{a} + \sin\frac{\lambda \cdot l}{a} \right) + K_4 \cdot e^{\frac{\lambda \cdot l}{a}} \left(\cos\frac{\lambda \cdot l}{a} - \sin\frac{\lambda \cdot l}{a} \right) = Q_l\, \frac{6(1-\nu^2)\, a^3}{E \cdot s^3 \cdot \lambda^3} .$$

Daraus ergeben sich unter Benutzung von Gl. (151) die Integrationskonstanten zu

$$K_1 = \frac{2 \cdot \lambda^2}{e^{2a} + e^{-2a} - 4\sin^2 a - 2} \Bigg[\frac{M_l}{E\,s}\, (e^{-a} \cdot \cos\alpha + e^{-a} \cdot \sin\alpha - e^{a} \cdot \cos\alpha - 3\,e^{a} \cdot \sin\alpha) +$$

$$+ \frac{M_0}{E\,s}\, (e^{2a} + \sin^2\alpha - \cos^2\alpha + 2\sin\alpha \cdot \cos\alpha) +$$

$$+ \frac{Q_l}{E\,s} \cdot \frac{a}{\lambda}\, (e^{-a} \cdot \cos\alpha - e^{a} \cdot \cos\alpha + 2\,e^{a} \cdot \sin\alpha) +$$

$$+ \frac{Q_0}{E \cdot s} \cdot \frac{a}{\lambda}\, (e^{2a} - 1 - 2\sin\alpha \cdot \cos\alpha) \Bigg] ,$$

$$K_2 = \frac{2\,\lambda^2}{e^{2a} + e^{-2a} - 4\sin^2 a - 2} \Bigg[\frac{M_l}{E\,s}\, (-e^{-a} \cdot \cos\alpha + e^{-a} \cdot \sin\alpha + e^{a} \cdot \cos\alpha + e^{a} \cdot \sin^2\alpha) +$$

$$+ \frac{M_0}{E\,s}\, (-e^{2a} + 1 + 2 \cdot \sin^2\alpha - 2 \cdot \sin\alpha \cdot \cos\alpha) +$$

$$+ \frac{Q_l}{E\,s} \cdot \frac{a}{\lambda}\, (e^{-a} \cdot \sin\alpha - e^{a} \cdot \sin\alpha) +$$

$$+ \frac{Q_0}{E\,s} \cdot \frac{a}{\lambda}\, (-2 \cdot \sin^2\alpha) \Bigg] , \tag{163}$$

$$K_3 = \frac{2\,\lambda^2}{e^{2\alpha} + e^{-2\alpha} - 4\sin^2\alpha - 2} \left[\frac{M_l}{E\,s}\left(-e^{-\alpha}\cdot\cos\alpha + 3\,e^{-\alpha}\cdot\sin\alpha + e^{\alpha}\cdot\cos\alpha - e^{\alpha}\cdot\sin\alpha\right) + \right.$$

$$+ \frac{M_0}{E\,s}\left(e^{-2\alpha} + \sin^2\alpha - \cos^2\alpha - 2\sin\alpha\cdot\cos\alpha\right) +$$

$$+ \frac{Q_l}{E\,s}\cdot\frac{a}{\lambda}\left(e^{-\alpha}\cdot\cos\alpha - e^{\alpha}\cdot\cos\alpha + 2\,e^{-\alpha}\cdot\sin\alpha\right) +$$

$$\left. + \frac{Q_0}{E\,s}\cdot\frac{a}{\lambda}\left(-e^{-2\alpha} + 1 - 2\sin\alpha\cdot\cos\alpha\right)\right],$$

$$K_4 = \frac{2\cdot\lambda^2}{e^{2\alpha} + e^{-2\alpha} - 4\sin^2\alpha - 2} \left[\frac{M_l}{E\,s}\left(-e^{-\alpha}\cdot\cos\alpha + e^{-\alpha}\cdot\sin\alpha + e^{\alpha}\cdot\cos\alpha + e^{\alpha}\cdot\sin\alpha\right) + \right.$$

$$+ \frac{M_0}{E\,s}\left(e^{-2\alpha} - 2\cdot\sin^2\alpha - 2\sin\alpha\cdot\cos\alpha - 1\right) +$$

$$+ \frac{Q_l}{E\,s}\cdot\frac{a}{\lambda}\left(e^{-\alpha}\cdot\sin\alpha - e^{\alpha}\cdot\sin\alpha\right) +$$

$$\left. + \frac{Q_0}{E\,s}\cdot\frac{a}{\lambda}\left(-2\sin^2\alpha\right)\right]$$

mit der Abkürzung

$$\alpha = \frac{\lambda\cdot l}{a} = \sqrt[4]{3\,(1-\nu^2)}\cdot\sqrt{\frac{a}{s}}\cdot\frac{l}{a} = 1{,}295\,\frac{l}{\sqrt{a\,s}}. \tag{164}$$

Ermittlung der Deformationen am Anfang und Ende. Aus Gl. (150) und (162) folgt mit Gl. (163) für die Deformationen am Anfang und am Ende der Kreiszylinderschale

$$w_0 = \frac{2\,\lambda^2}{E\,s}\left(a_1\cdot M_0 + a_2\,M_l + a_3\cdot Q_0\cdot\frac{a}{\lambda} + a_4\,Q_l\,\frac{a}{\lambda}\right),$$

$$\frac{d\,w_0}{dx} = \frac{2\,\lambda^2}{E\,s}\left(a_5\,M_0 + a_6\,M_l - a_1\cdot Q_0\,\frac{a}{\lambda} + a_2\,Q_l\,\frac{a}{\lambda}\right)\cdot\frac{\lambda}{a}, \tag{165}$$

$$w_l = \frac{2\,\lambda^2}{E\,s}\left(a_2\,M_0 + a_1\,M_l - a_4\cdot Q_0\cdot\frac{l}{\lambda} - a_3\cdot Q_l\cdot\frac{a}{\lambda}\right),$$

$$\frac{d\,w_l}{dx} = \frac{2\,\lambda^2}{E\,s}\left(-a_6\,M_0 - a_5\,M_l + a_2\cdot Q_0\,\frac{a}{\lambda} - a_1\cdot Q_l\,\frac{a}{\lambda}\right)\cdot\frac{\lambda}{a} \tag{166}$$

mit den Abkürzungen

$$a_1 = \frac{e^{2\alpha} + e^{-2\alpha} + 4\sin^2\alpha - 2}{e^{2\alpha} + e^{-2\alpha} - 4\sin^2\alpha - 2},$$

$$a_2 = \frac{4\,e^{-\alpha}\cdot\sin\alpha - 4\,e^{\alpha}\cdot\sin\alpha}{e^{2\alpha} + e^{-2\alpha} - 4\sin^2\alpha - 2},$$

$$a_3 = \frac{e^{2\alpha} - e^{-2\alpha} - 4\sin\alpha\cdot\cos\alpha}{e^{2\alpha} + e^{-2\alpha} - 4\sin^2\alpha - 2},$$

$$a_4 = \frac{2\,e^{-\alpha}\cdot\cos\alpha - 2\,e^{\alpha}\cdot\cos\alpha + 2\,e^{\alpha}\cdot\sin\alpha + 2\,e^{-\alpha}\cdot\sin\alpha}{e^{2\alpha} + e^{-2\alpha} - 4\sin^2\alpha - 2} \tag{167}$$

$$a_5 = \frac{2\,e^{-2\alpha} - 2\,e^{2\alpha} - 8\sin\alpha\cdot\cos\alpha}{e^{2\alpha} + e^{-2\alpha} - 4\sin^2\alpha - 2},$$

$$a_6 = \frac{4\,e^{\alpha}\cdot\cos\alpha - 4\,e^{-\alpha}\cdot\cos\alpha + 4\,e^{\alpha}\cdot\sin\alpha + 4\,e^{-\alpha}\cdot\sin\alpha}{e^{2\alpha} + e^{-2\alpha} - 4\sin^2\alpha - 2}.$$

d) Zusammensetzen des endlich langen Rohres mit dem halbunendlich langen Rohr.

Für die Berechnung der Kesselböden werden die Deformationen am oberen Rand der Nietnaht gebraucht. Da am unteren Rand der Nietnaht der Mantel anschließt, werden die Formeln für die Deformationen am oberen Rand durch Zusammensetzen des endlich langen Rohres mit der Wandstärke $2\,s$ mit dem halbunendlich langen Rohr mit der Wandstärke s abgeleitet (Abb. 7 c). Aus der Bedingung, daß die Deformationen an der Stoßstelle gleich sein müssen, lassen sich die Schnittstellenkräfte Q_l und M_l in Abhängigkeit von Q_0 und M_0 bestimmen. Damit wird erreicht, daß auch die Deformationen w_0 und χ_0, die in Gl. (165) durch die vier Schnittstellenkräfte M_0, M_l, Q_0 und Q_l ausgedrückt sind, in Abhängigkeit von Q_0 und M_0 allein angeschrieben werden können.

Ermittlung von Querkraft und Biegemoment an der Stoßstelle. Aus Gl. (147), (148), (158) und (159) folgt für die Deformationen am Anfang des halbunendlich langen Rohres

$$w_0 = \frac{2\,\lambda^2}{E\,s}\left(Q_0 \cdot \frac{a}{\lambda} + M_0\right) + \frac{7}{8}\cdot\frac{a^2}{s}\cdot\frac{p}{E}\,,$$

$$\chi_0 = -\frac{2\,\lambda^2}{E\,s}\cdot\frac{\lambda}{a}\left(Q_0\,\frac{a}{\lambda} + 2\,M_0\right).$$

Aus Gl. (147), (148) und (166) folgt für die Deformationen am Ende des endlich langen Rohres

$$w_l = \frac{2\,\lambda^2}{E\,s}\left(a_2\,M_0 + a_1\,M_l - a_4\cdot Q_0\cdot\frac{a}{\lambda} - a_3\cdot Q_l\cdot\frac{a}{\lambda}\right) + \frac{7}{8}\cdot\frac{a^2}{s}\cdot\frac{p}{E}\,,$$

$$\chi_l = \frac{2\,\lambda^2}{E\,s}\cdot\frac{\lambda}{a}\left(-a_6\,M_0 - a_5\,M_l + a_2\cdot Q_0\,\frac{a}{\lambda} - a_1\,Q_l\cdot\frac{a}{\lambda}\right).$$

Die Querkraft am Anfang des halbunendlich und die Querkraft am Ende des endlich langen Rohres sind gleich groß. Das Biegemoment am Anfang des halbunendlich langen Rohres ist infolge der Exzentrizität der Wandstärken (Abb. 7 c) größer als das Biegemoment am Ende des endlich langen Rohres um den Betrag

$$\Delta M = \frac{p\cdot a}{2}\cdot\frac{s}{2} = \frac{p\cdot a\cdot s}{4}$$

Es wird näherungsweise angenommen, daß der Durchmesser der beiden Rohre gleich ist. Die Wandstärke des halbunendlichen Rohres sei s, die des endlichen $2\,s$. Damit folgt aus Gl. (151), daß

$$\lambda^4_{halbunendlich} = 4\,\lambda^4_{endlich}$$

Die Deformationsgleichungen werden aufgestellt für $s_{halbunendlich}$ und $\lambda_{endlich}$.

$$w_l = \frac{\lambda^2}{E\,s}\left(a_2\,M_0 + a_1\,M_l - a_4\cdot Q_0\cdot\frac{a}{\lambda} - a_3\cdot Q_l\,\frac{a}{\lambda}\right) + \frac{7}{16}\cdot\frac{a^2}{s}\cdot\frac{p}{E}$$

$$= \frac{4\,\lambda^2}{E\,s}\left(Q_l\cdot\frac{a}{\sqrt{2}\,\lambda} + M_l + \frac{p\cdot a\cdot s}{4}\right) + \frac{7}{8}\cdot\frac{a^2}{s}\cdot\frac{p}{E}\,,$$

$$\chi_l = \frac{\lambda^2}{E\,s}\cdot\frac{\lambda}{a}\left(-a_6\,M_0 - a_5\,M_l + a_2\,Q_0\,\frac{\lambda}{a} - a_1\cdot Q_l\,\frac{\lambda}{a}\right)$$

$$= -\frac{4\,\lambda^2}{E\,s}\cdot\frac{\sqrt{2}\cdot\lambda}{a}\left(Q_l\cdot\frac{a}{\sqrt{2}\,\lambda} + 2\,M_l + \frac{p\cdot a\cdot s}{2}\right).$$

Bestimmungsgleichungen für die Kräfte an der Stoßstelle

$$M_l (a_1 - 4) + Q_l \left(- a_3 \cdot \frac{a}{\lambda} - \frac{4}{\sqrt{2}} \cdot \frac{a}{\lambda} \right) = - a_2 M_0 + a_4 \cdot Q_0 \cdot \frac{a}{\lambda} +$$
$$+ p \cdot a s + \frac{7}{8} \cdot \frac{a^2}{\lambda^2} \cdot p - \frac{7}{16} \cdot \frac{a^2}{\lambda^2} \cdot p ,$$

$$M_l \left(- a_5 \cdot \frac{a}{\lambda} + 8 \sqrt{2} \cdot \frac{\lambda}{a} \right) + Q_l \left(- a_1 + 4 \right) = a_6 M_0 \cdot \frac{\lambda}{a} - a_2 \cdot Q_0 - 2 \sqrt{2} \cdot \lambda \cdot s \cdot p .$$

Daraus ergeben sich die Stoßstellenkräfte zu

$$M_l = b_1 \cdot M_0 + b_2 \cdot \frac{a}{\lambda} \cdot Q_0 + b_3 \cdot p \cdot a \cdot s ,$$
$$Q_l = b_4 \cdot \frac{\lambda}{a} \cdot M_0 + b_5 \cdot Q_0 + b_6 \cdot \frac{\lambda}{a} \cdot p \cdot a \cdot s \tag{168}$$

mit den Abkürzungen

$$b_1 = \frac{a_1 a_2 - 4 a_2 + a_3 \cdot a_6 + 2 \sqrt{2} a_6}{16 - a_1^2 + 8 a_1 - a_3 \cdot a_5 + 8 \sqrt{2} \cdot a_3 - 2 \sqrt{2} a_5} ,$$

$$b_2 = \frac{\frac{a}{\lambda} (- a_1 a_4 + 4 a_4 - a_2 a_3 - 2 \sqrt{2} \cdot a_2)}{16 - a_1^2 + 8 a_1 - a_3 \cdot a_5 + 8 \sqrt{2} a_3 - 2 \sqrt{2} a_5} ,$$

$$b_3 = \frac{\left(1 + \frac{7}{8} \sqrt{3 (1 - \nu^2)} \right) (- a_1 + 4) + 2 \sqrt{2} a_3 - 8}{16 - a_1^2 + 8 a_1 - a_3 \cdot a_5 + 8 \sqrt{2} a_3 - 2 \sqrt{2} a_5} ,$$

$$b_4 = \frac{\frac{\lambda}{a} (a_1 \cdot a_6 - 4 a_6 - a_2 a_5 + 8 \sqrt{2} a_2)}{16 - a_1^2 + 8 a_1 - a_3 \cdot a_5 + 8 \sqrt{2} a_3 - 2 \sqrt{2} \cdot a_5} ,$$

$$b_5 = \frac{- a_1 a_2 + 4 a_2 + a_4 a_5 - 8 \sqrt{2} a_4}{16 - a_1^2 + 8 a_1 - a_3 \cdot a_5 + 8 \sqrt{2} \cdot a_3 - 2 \sqrt{2} \cdot a_5} ,$$

$$b_6 = \frac{\frac{\lambda}{a} \left[- 2 \sqrt{2} a_1 + 8 \sqrt{2} + \left(1 + \frac{7}{8} \sqrt{3 (1 - \nu^2)} \right) (a_5 - 8 \sqrt{2}) \right]}{16 - a_1^2 + 8 a_1 - a_3 \cdot a_5 + 8 \sqrt{2} a_3 - 2 \sqrt{2} a_5} . \tag{169}$$

Ermittlung der Deformationen am oberen Rand der Nietnaht. Aus Gl. (165) und (168) folgt für die Deformationen am obern Rand der Niehtnaht

$$\frac{w_0 \cdot s}{a \cdot l} = W_1 \cdot \frac{Q_0}{E s} + W_2 \frac{M_0}{E s l} + W_3 \frac{a}{l} \cdot \frac{p}{E} ,$$
$$\chi_0 \cdot \frac{s}{a} = - X_1 \cdot \frac{Q_0}{E s} - X_2 \cdot \frac{M_0}{E s l} + X_3 \cdot \frac{a}{l} \cdot \frac{p}{E} \tag{170}$$

mit den Abkürzungen

$$W_1 = \frac{\sqrt{3(1-\nu^2)}}{2} \cdot \frac{1}{a}\,(a_3 + a_2 \cdot b_2 + a_4 \cdot b_E),$$

$$W_2 = \frac{\sqrt{3(1-\nu^2)}}{2}\,(a_1 + a_2 \cdot b_1 + a_4 \cdot b_4),$$

$$W_3 = \frac{\sqrt{3(1-\nu^2)}}{2}\left(a_2 \cdot b_3 + a_4 \cdot b_6 + \frac{7}{8}\frac{1}{\sqrt{3(1-\nu^2)}}\right),$$

$$X_1 = \frac{\sqrt{3(1-\nu^2)}}{2}\cdot(-a_1 + a_6 \cdot b_2 + a_2 \cdot b_5),$$

$$X_2 = \frac{\sqrt{3(1-\nu^2)}}{2}\cdot\alpha\,(a_5 + a_6 b_1 + a_2 \cdot b_4),$$

$$X_3 = \alpha\,(a_2 \cdot b_6 + a_6 \cdot b_3).$$

(171)

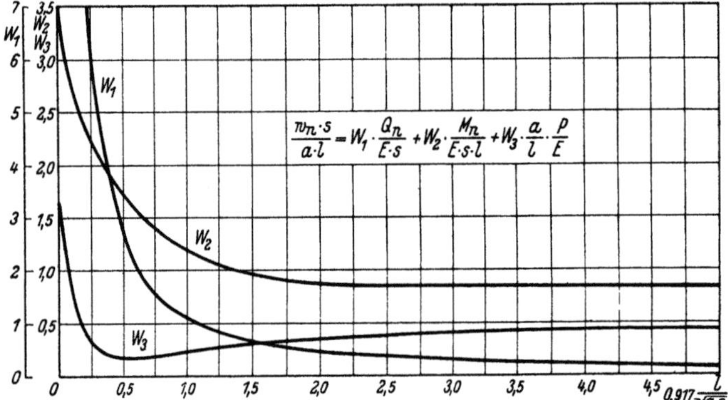

Abb. 8. Beiwerte für die radiale Aufweitung am oberen Rand der Nietnaht.

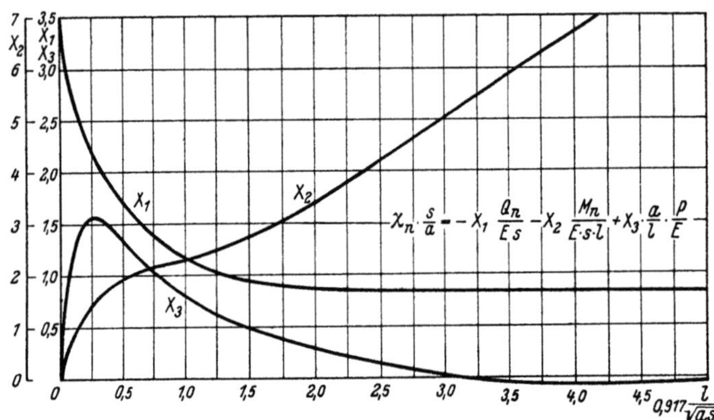

Abb. 9. Beiwerte für die Winkeländerung am oberen Rand der Nietnaht.

Die Abkürzungen sind Funktionen von $\alpha = 1{,}295\,\dfrac{l}{\sqrt{a \cdot 2 \cdot s}}$. Sie sind unter Benutzung von Gl. (167) und (169) für den Bereich von $\alpha = 0$ bis $\alpha = 5$ ausgerechnet und auf Abb. 8 und 9 in Abhängigkeit von $\alpha = 0{,}917\,\dfrac{l}{\sqrt{a \cdot s}}$ aufgetragen.

Das Biegemoment am Anfang des Mantels ist um den Betrag $M = L \cdot s/2$ größer als das am Ende der Krempe, weil die Längskraft infolge der verschiedenen Wandstärken versetzt ist.

III. Zusammenstellung der Rechenverfahren.

A. Nach außen gewölbter Kesselboden.

1. Statisch unbestimmte Rechnung.

a) Randdeformationen des Bodens.

Der Winkel der Schnittstelle zwischen Boden und Krempe ergibt sich nach Abb. 10a aus der Bedingung

$$\sin \varphi_0 = \frac{b}{R-r}. \tag{172}$$

Aus Gl. (2), (3) und (24) folgt für die Deformationen am Rand des Bodens

$$\chi_0 = \chi_a \cdot \frac{N_r}{E\,s\,\varphi_0} + \chi_b \cdot \frac{M_r}{E\,s^2\,\varphi_0},$$

$$\frac{w_0}{s} = W_a \frac{N_r}{E\,s\,\varphi_0} + W_b \cdot \frac{M_r}{E\,s^2\,\varphi_0} + 0{,}375 \frac{R^2}{s^2} \cdot \sin \varphi_0 \frac{p}{E}. \tag{173}$$

Die Randkräfte N_r und M_r der Störbelastung müssen durch die statisch unbestimmten Größen S_0 und M_0 ausgedrückt werden. Nach Abb. 10b, die die Überlagerung von Membran- und Störbelastung zeigt, ergibt sich

$$S_0 = \frac{N_r}{\cos \varphi_0} + \frac{p \cdot R}{2} \cdot \cos \varphi_0 ,$$

$$N_r = S_0 \cdot \cos \varphi_0 - \frac{p \cdot R}{2} \cdot \cos^2 \varphi_0 , \tag{174}$$

$$M_r = M_0 .$$

Damit werden die Randdeformationen des Bodens

$$\chi_0 = \frac{X_a \cdot \cos \varphi_0}{\varphi_0} \cdot \frac{S_0}{E\,s} + \frac{X_b \cdot r}{s \cdot \varphi_0} \cdot \frac{M_0}{E\,s\,r} - \frac{X_a \cdot R \cdot \cos^2 \varphi_0}{2\,s\,\varphi_0} \cdot \frac{p}{E} ,$$

$$\frac{w_0}{r} = \frac{W_a \cdot s \cdot \cos \varphi_0}{r \cdot \varphi_0} \cdot \frac{S_0}{E\,s} + \frac{W_b}{\varphi_0} \cdot \frac{M_0}{E\,s\,r} - \left(\frac{W_a \cdot R \cdot \cos^2 \varphi_0}{2\,r\,\varphi_0} - 0{,}375 \frac{R^2}{s\,r} \cdot \sin \varphi_0 \right) \frac{p}{E} . \tag{175}$$

Die dimensionslose Darstellung w/r und $M_0/E\,s\,r$ ist mit Rücksicht auf die Stufenkörperrechnung gewählt. Die Konstanten W_a, W_b, X_a und X_b sind auf Abb. 4 in Abhängigkeit von $K\,\varphi_0$ aufgetragen.

$$K\,\varphi_0 = 1{,}295 \sqrt{\frac{R}{s}} \cdot \varphi_0 . * \tag{176}$$

---

* Vergl. Seite 2.

4 Esslinger, Kesselböden

b) Randdeformationen der Krempe.

Die Krempe wird in Stufenkörper eingeteilt. Der Zentriwinkel des Stufenkörpers, der an den Boden anschließt, wird so gewählt, daß der Restzentriwinkel der Krempe unter die übrigen Stufenkörper gleich und ganzzahlig aufgeteilt werden kann.

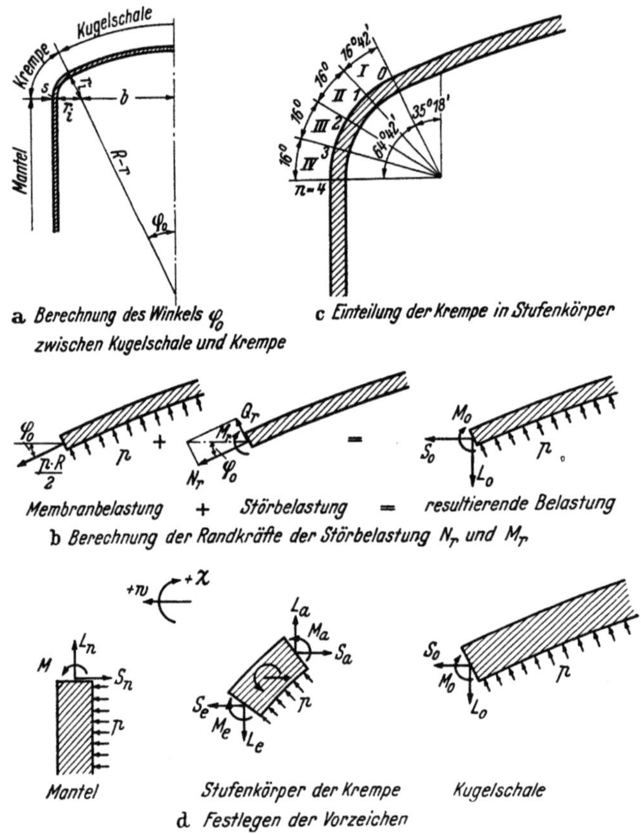

Abb. 10. Nach außen gewölbter Kesselboden.

Die Kräfte und Deformationen an der Endschnittstelle jedes Stufenkörpers ergeben sich aus denen der Anfangsschnittstelle nach den Gl. (81), (82), (83), (84), (98), (99), (100) und (101).

$$\frac{S_e}{E\,s} = (F_1 + F_2)\,\frac{S_a}{E\,s} + F_3\,\frac{w_a}{r} + F_4\cdot\chi_a - (F_5 - F_6)\,\frac{p}{E}\,,$$

$$\frac{M_e}{E\,s\,r} = G_0\cdot\frac{M_0}{E\,s\,r} - (G_1 + G_2)\,\frac{S_a}{E\,s} - G_3\,\frac{w_a}{r} - G_4\cdot\chi_a + (G_5 + G_6 - G_7)\,\frac{p}{E}\,,$$

$$\chi_e = \chi_a + H_1\,\frac{M_a + M_e}{E\,s\,r}\,,$$

$$\frac{w_e}{r} = H_2\,\frac{w_a}{r} + H_3\cdot\chi_a + H_4\cdot\frac{M_a}{E\,s\,r} + H_5\cdot\frac{M_e}{E\,s\,r} + H_6\,\frac{S_a + S_e}{E\,s} + H_7\,\frac{p}{E}$$

$$(177)$$

mit den Abkürzungen

$$F_1 = \frac{\varrho_a}{\varrho_e},$$

$$F_2 = \frac{r}{4\,\varrho_e} \cdot \Delta\varphi \cdot \cos\varphi_a,$$

$$F_3 = \frac{r^2}{\varrho_m \cdot \varrho_e} \cdot \Delta\varphi,$$

$$G_0 = F_1,$$

$$G_1 = F_1 \cdot \Delta\varphi \cdot \sin\varphi_m,$$

$$G_2 = F_2 (\cos\varphi_m - \cos\varphi_e),$$

$$G_3 = F_3 (\cos\varphi_m - \cos\varphi_e),$$

$$F_4 = F_3 (\cos\varphi_a - \cos\varphi_m),$$

$$F_5 = \frac{r_i \cdot \varrho_{im}}{s \cdot \varrho_e} \cdot \Delta\varphi \cdot \sin\varphi_m,$$

$$F_6 = \frac{r \cdot \varrho_a}{8\,s \cdot \varrho_e} \cdot \Delta\varphi \cdot \sin\varphi_a,$$

$$G_4 = F_3 \cdot \frac{\Delta\varphi^2}{6} \cdot \sin^2\varphi_m,$$

$$G_5 = \frac{\varrho_a^2}{\varrho_e \cdot s} \cdot \frac{\Delta\varphi}{2} \cdot \cos\varphi_m,$$

$$G_6 = \frac{r_i \cdot \varrho_{im}}{s \cdot \varrho_e} \cdot \frac{\Delta\varphi^2}{2},$$

$$G_7 = F_6 (\cos\varphi_m - \cos\varphi_e),$$

$$H_1 = \frac{r^2}{s^2} \cdot 6 \cdot \Delta\varphi,$$

$$H_2 = 1 - \frac{r}{4\,\varrho_a} \cdot \Delta\varphi \cdot \cos\varphi_m,$$

$$H_3 = \Delta\varphi \cdot \sin\varphi_m,$$

$$H_4 = \frac{r^2}{s^2} \cdot 2 \cdot \Delta\varphi^2 \left(2\sin\varphi_m + \frac{\Delta\varphi}{4} \cdot \cos\varphi_m\right),$$

$$H_5 = \frac{r^2}{s^2} \cdot 2 \cdot \Delta\varphi^2 \left(\sin\varphi_m + \frac{\Delta\varphi}{4} \cdot \cos\varphi_m\right),$$

$$H_6 = 0{,}469 \cdot \Delta\varphi \cdot \cos^2\varphi_m,$$

$$H_7 = 0{,}469 \cdot \frac{\varrho_{im}}{s} \cdot \Delta\varphi \cdot \sin\varphi_m \cdot \cos\varphi_m.$$

$$\text{(178)}$$

Wenn diese Rechnung für die einzelnen Stufenkörper nacheinander durchgeführt ist, hat man die beiden Kräfte S_n und M_n und die beiden Deformationen χ_n und w_n am Ende der Krempe in Abhängigkeit von den statisch unbestimmten Randkräften S_0 und M_0 der Kugelschale.

c) Randdeformationen des Mantels.

α) Geschweißter Kessel.

Für die Deformationen am oberen Rand des Mantels folgt aus Gl. (147), (148), (158) und (159) und unter Berücksichtigung der Kraftrichtungen nach Abb. 10d

$$\chi_n = 2 \cdot \lambda^2 \cdot \frac{S_n}{E\,s} - \frac{4 \cdot \lambda^3 \cdot r}{a} \cdot \frac{M_n}{E\,s\,r}$$

$$\frac{w_n}{r} = - \frac{2\,\lambda \cdot a}{r} \cdot \frac{S_n}{E\,s} + 2\,\lambda^2 \cdot \frac{M_n}{E\,s\,r} + \frac{7}{8} \cdot \frac{a^2}{s \cdot r} \cdot \frac{p}{E} \qquad \text{(179)}$$

mit

$$\lambda = 1{,}295 \sqrt{\frac{a}{s}}.$$

β) Genieteter Kessel.

Für die Deformationen am oberen Rand der Nietnaht folgt aus Gl. (147), (148) und (170) und unter Berücksichtigung der Kraftrichtungen nach Abb. 10d

$$\chi_n = \frac{X_1 \cdot a}{s} \cdot \frac{S_n}{E\,s} - \frac{X_2 \cdot a \cdot r}{s \cdot l} \cdot \frac{M_n}{E\,s\,r} + \frac{X_3 \cdot a^2}{l \cdot s} \cdot \frac{p}{E}\,,$$

$$\frac{w_n}{r} = -\frac{W_1 \cdot a \cdot l}{r \cdot s} \cdot \frac{S_n}{E\,s} + \frac{W_2 \cdot a \cdot r}{s \cdot l} \cdot \frac{M_n}{E\,s\,l} + \frac{W_3 \cdot a^2}{r \cdot s} \cdot \frac{p}{E}\,. \qquad (180)$$

Die Konstanten X_1, X_2, X_3, W_1, W_2 und W_3 sind auf Abb. 8 und 9 in Abhängigkeit von α aufgetragen. Das Biegemoment am Anfang des Mantels ist um den Betrag $\varDelta M = L\,s/2$ größer als das Biegemoment am Ende der Krempe.

$$\alpha = 0{,}917\,\frac{l}{\sqrt{a \cdot s}}\,.$$

d) Deformationsgleichungen.

Aufweitung und Winkeländerung von Krempe und Mantel an der Schnittstelle n müssen gleich sein.

$$w_{n\,Krempe} = w_{n\,Mantel}\,,$$
$$\chi_{n\,Krempe} = \chi_{n\,Mantel}\,. \qquad (181)$$

Die Deformationen der Krempe sind in Abhängigkeit von S_0 und M_0 gegeben. Da die Deformationsausdrücke für den Mantel auch nur die Größen S_0 und M_0 enthalten dürfen, müssen die Schnittstellenkräfte S_n und M_n in Abhängigkeit von S_0 und M_0 eingesetzt werden. Hierzu benützt man die Ausdrücke für die Schnittstellenkräfte am Ende der Stufenkörperrechnung der Krempe.

2. Spannungen.

Zuerst wird die Krempe behandelt, damit etwaige Rechenfehler in der Stufenkörperrechnung möglichst bald erscheinen.

a) Krempe.

Die inneren Kräfte werden für die Schnittstellen ausgerechnet. Nach Gl. (49), (70) und (71) gilt

$$N = S \cdot \cos\varphi + \frac{p \cdot \varrho}{2} \cdot \sin\varphi\,,$$
$$T = \frac{E \cdot s \cdot w}{\varrho} + \frac{N}{4}\,. \qquad (182)$$

Aus den inneren Kräften ergeben sich die Spannungen zu

$$\sigma_{Na} = \frac{N}{s} - \frac{6\,M}{s^2}\,,$$
$$\sigma_{Ni} = \frac{N}{s} + \frac{6\,M}{s^2}\,,$$
$$\sigma_{Ta} = \frac{T}{s} - \frac{3\,M}{2\,s^2}\,,$$
$$\sigma_{Ti} = \frac{T}{s} + \frac{3\,M}{2\,s^2}\,. \qquad (183)$$

b) Boden.

Aus Gl. (1) und (26) folgt für die inneren Kräfte

$$N = A^* \cdot n_a + B^* \cdot n_b + \frac{p \cdot R}{2},$$

$$T = A^* \cdot t_a + B^* \cdot t_b + \frac{p \cdot R}{2}, \qquad (184)$$

$$\frac{M}{s} = A^* \cdot m_a + B^* \cdot m_b.$$

Die Veränderlichen n_a, n_b, t_a, t_b, m_a und m_b sind in Tabelle 2 in Abhängigkeit von $K \cdot \varphi$ angegeben. Für die Integrationskonstanten folgt aus Gl. (23) und (174)

$$A^* = A_1 \cdot \cos \varphi_0 \cdot S_0 + A_2 \cdot \frac{M_0}{s} - A_1 \cdot \cos^2 \varphi_0 \cdot \frac{p \cdot R}{2},$$

$$B^* = B_1 \cdot \cos \varphi_0 \cdot S_0 + B_2 \cdot \frac{M_0}{s} - B_1 \cdot \cos^2 \varphi_0 \cdot \frac{p \cdot R}{2}. \qquad (185)$$

Die Konstanten A_1, A_2, B_1 und B_2 sind in Tabelle 1 in Abhängigkeit von $K \varphi_0$ angegeben.

Spannungen nach Gl. (183).

c) Mantel.

α) Geschweißter Kessel.

Aus Gl. (145), (146) und (160) folgt für die inneren Kräfte

$$N = \frac{p \cdot a}{2},$$

$$T = p \cdot a - \frac{S_n \cdot a}{\lambda \cdot s} \cdot t_q + \frac{M_n}{s} \cdot t_m, \qquad (186)$$

$$M = - \frac{S_n \cdot a}{\lambda} \cdot m_q + M_n \cdot m_m.$$

Die Kräfte S_n und M_n sind als die Endwerte der Stufenkörperrechnung bekannt. Die Veränderlichen t_q, t_m, m_q und m_m sind in Tabelle 5 in Abhängigkeit von $\lambda \cdot x/a$ angegeben.

Spannungen nach Gl. (183).

β) Genieteter Kessel.

Die Spannungen in der Nietnaht und im Mantel werden bei diesem Verfahren nicht gerechnet. Eine genaue Untersuchung liefert Abschnitt E.

B. Nach innen gewölbter Kesselboden.

1. Statisch unbestimmte Rechnung.

a) Randdeformationen des Bodens.

Der Winkel der Schnittstelle zwischen Boden und Krempe ergibt sich nach Abb. 11a aus der Bedingung

$$\sin \varphi_0 = \frac{b}{R+r}. \tag{187}$$

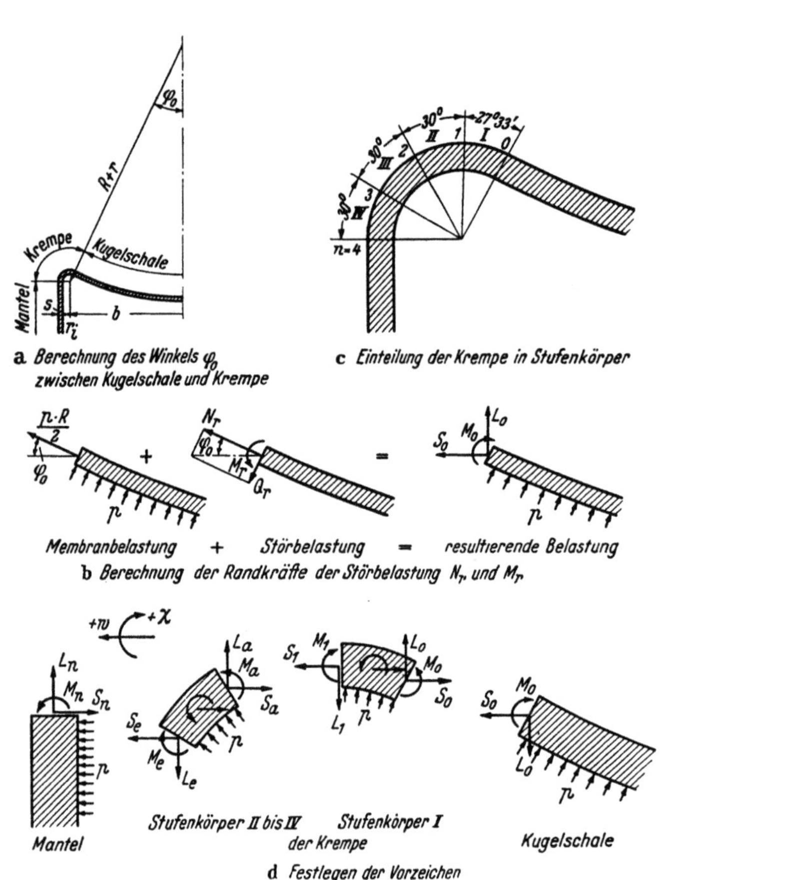

Abb. 11. Nach innen gewölbter Kesselboden.

Aus Gl. (2), (3) und (24) folgt für die Deformationen am Rand des Bodens

$$\chi_0 = \chi_a \cdot \frac{N_r}{E s \varphi_0} + \chi_b \cdot \frac{M_r}{E s^2 \varphi_0},$$

$$\frac{w_0}{s} = W_a \cdot \frac{N_r}{E s \varphi_0} + W_b \cdot \frac{M_r}{E s^2 \varphi_0} - 0{,}375 \frac{R^2}{s^2} \cdot \sin \varphi_0 \cdot \frac{p}{E}. \tag{188}$$

Die Randkräfte N_r und M_r der Störbelastung müssen durch die statisch unbestimmten Größen S_0 und M_0 ausgedrückt werden. Nach Abb. 11b, die die Überlagerung von Membran- und Störbelastung zeigt, ergibt sich

$$S_0 = \frac{N_r}{\cos \varphi_0} - \frac{p \cdot R}{2} \cdot \cos \varphi_0 \, ,$$

$$N_r = S_0 \cdot \cos \varphi_0 + \frac{p \cdot R}{2} \cdot \cos^2 \varphi_0 \, , \qquad (189)$$

$$M_r = - M_0 \, .$$

Damit werden die Randdeformationen des Bodens

$$\chi_0 = - \frac{X_a \cdot \cos \varphi_0}{\varphi_0} \cdot \frac{S_0}{E\,s} + \frac{X_b \cdot r}{s \cdot \varphi_0} \cdot \frac{M_0}{E\,s\,r} - \frac{X_a \cdot R \cdot \cos^2 \varphi_0}{2\,s\,\varphi_0} \cdot \frac{p}{E}$$

$$(190)$$

$$\frac{w_0}{r} = \frac{W_a \cdot s \cdot \cos \varphi_0}{r \cdot \varphi_0} \cdot \frac{S_0}{E\,s} - \frac{W_b}{\varphi_0} \cdot \frac{M_0}{E\,s\,r} + \left(\frac{W_a \cdot R \cdot \cos^2 \varphi_0}{2\,r \cdot \varphi_0} - 0{,}375\, \frac{R^2}{r \cdot s} \sin \varphi_0 \right) \frac{p}{E} \, .$$

Die dimensionslose Darstellung w/r und $M/E\,s\,r$ ist mit Rücksicht auf die Stufenkörperrechnung gewählt. Die Konstanten X_a, X_b, W_a und W_b sind auf Abb. 4 in Abhängigkeit von $K\,\varphi_0$ aufgetragen.

$$K\,\varphi_0 = 1{,}295 \sqrt{\frac{R}{s}} \cdot \varphi_0 \, . \qquad (176)$$

b) Randdeformationen der Krempe.

Die Krempe wird in Stufenkörper eingeteilt. Der Zentriwinkel des Stufenkörpers, der an den Boden anschließt, wird so gewählt, daß der Restzentriwinkel der Krempe unter die übrigen Stufenkörper gleich und ganzzahlig aufgeteilt werden kann und daß auf den Scheitel $\varphi = 0$ eine Schnittstelle zu liegen kommt.

Die Kräfte und Deformationen an der Endschnittstelle jedes Stufenkörpers, der zwischen dem Ende der Kugelschale $\varphi = \varphi_0$ und dem Krempenscheitel $\varphi = 0$ liegt, ergeben sich aus denen an der Anfangsschnittstelle nach den Gl. (85), (86), (102) und (103)

$$\frac{S_e}{E\,s} = (F_1 + F_2) \frac{S_a}{E\,s} + F_3 \cdot \frac{w_a}{r} - F_4 \cdot \chi_a + (F_5 - F_6) \frac{p}{E} \, ,$$

$$\frac{M_e}{E\,s\,r} = G_0 \cdot \frac{M_a}{E\,s\,r} + (G_1 + G_2) \frac{S_a}{E\,s} + G_3 \cdot \frac{w_a}{r} - G_4 \cdot \chi_a + (G_5 + G_6 - G_7) \frac{p}{E} \, ,$$

$$\chi_e = \chi_a + H_1 \cdot \frac{M_a + M_e}{E\,s\,r} \, , \qquad (191)$$

$$\frac{w_e}{r} = H_2 \cdot \frac{w_a}{r} - H_3 \cdot \chi_a - H_4 \cdot \frac{M_a}{E\,s\,r} - H_5 \cdot \frac{M_e}{E\,s\,r} + H_6 \frac{S_a + S_e}{E\,s} - H_7 \frac{p}{E} \, .$$

Die Abkürzungswerte F_1 bis H_7 sind die gleichen wie beim nach außen gewölbten Kesselboden Gl. (178). Der Winkel φ wird immer positiv gerechnet.

Für die übrigen Stufenkörper gelten dieselben Gleichungen wie beim nach außen gewölbten Kesselboden.

c) Randdeformationen des Mantels.

Es gelten dieselben Gleichungen wie beim nach außen gewölbten Kesselboden.

d) Deformationsgleichungen.

Es gelten dieselben Gleichungen wie beim nach außen gewölbten Kesselboden.

2. Spannungen.

Zuerst wird die Krempe behandelt, damit etwaige Rechenfehler in der Stufenkörperrechnung möglichst bald erscheinen.

a) Krempe.

Die inneren Kräfte werden für die Schnittstellen ausgerechnet. Für die Schnittstellen, die zwischen dem Ende der Kugelschale $\varphi = \varphi_0$ und dem Krempenscheitel $\varphi = 0$ liegen, ergeben sich die inneren Kräfte nach Gl. (49), (70) und (71) zu

$$N = S \cdot \cos \varphi - \frac{p \cdot \varrho}{2} \cdot \sin \varphi,$$

$$T = \frac{E\,s\,w}{\varrho} + \frac{N}{4}. \tag{192}$$

Für die übrigen Stufenkörper und für die Spannungen gelten dieselben Gleichungen wie beim nach außen gewölbten Kesselboden.

b) Boden.

Aus Gl. (1) und (26) folgt für die inneren Kräfte

$$N = A^* \cdot n_a + B^* \cdot n_b - \frac{p \cdot R}{2},$$

$$T = A^* \cdot t_a + B^* \cdot t_b - \frac{p \cdot R}{2}, \tag{193}$$

$$\frac{M}{s} = A^* \cdot m_a + B^* \cdot m_b.$$

Die Veränderlichen n_a, n_b, t_a, t_b, m_a und m_b sind in Tabelle 2 in Abhängigkeit von $K\,\varphi$ angegeben. Für die Integrationskonstanten folgt aus Gl. (23) und (189)

$$A^* = A_1 \cdot \cos \varphi_0 \cdot S_0 - A_2 \cdot \frac{M_0}{s} + A_1 \cdot \cos^2 \varphi_0 \, \frac{p \cdot R}{2},$$

$$B^* = B_1 \cdot \cos \varphi_0 \cdot S_0 - B_2 \cdot \frac{M_0}{s} + B_1 \cdot \cos^2 \varphi_0 \, \frac{p \cdot R}{2}. \tag{194}$$

Die Konstanten A_1, A_2, B_1 und B_2 sind in Tabelle 1 in Abhängigkeit von $K\,\varphi_0$ angegeben.

Spannungen nach Gl. (183).

c) Mantel.

Es gelten dieselben Gleichungen wie beim nach außen gewölbten Kesselboden.

C. Durchbruch ohne Bördelrand.

Aus Gl. (1) und (42) folgt für die inneren Kräfte

$$N = C^* \cdot n_c + D^* \cdot n_d + \frac{p \cdot R}{2},$$

$$T = C^* \cdot t_c + D^* \cdot t_d + \frac{p \cdot R}{2}, \qquad (195)$$

$$\frac{M}{s} = C^* \cdot m_c + D^* \cdot m_d.$$

Für die Integrationskonstanten gilt nach Gl. (39)

$$C^* = C_1 \cdot N_r + C_2 \cdot \frac{M_r}{s},$$

$$D^* = D_1 \cdot N_r + D_2 \cdot \frac{M_r}{s}.$$

Für die Randkräfte der Störbelastung gilt

$$N_r = -\frac{p \cdot R}{2} \cdot \cos^2 \varphi_0,$$

$$M_r = 0. \qquad (196)$$

Damit werden die Integrationskonstanten

$$C^* = -\frac{p \cdot R}{2} \cdot \cos^2 \varphi_0 \cdot C_1 \approx -\frac{p \cdot R}{2} \cdot C_1,$$

$$D^* = -\frac{p \cdot R}{2} \cdot \cos^2 \varphi_0 \cdot D_1 \approx -\frac{p \cdot R}{2} \cdot D_1 \qquad (197)$$

und die inneren Kräfte

$$N = \frac{p \cdot R}{2}(1 - C_1 \cdot n_c - D_1 \cdot n_d),$$

$$T = \frac{p \cdot R}{2}(1 - C_1 \cdot t_c - D_1 \cdot t_d), \qquad (198)$$

$$\frac{M}{s} = \frac{p \cdot R}{2}(-C_1 \cdot m_c - D_1 \cdot m_d).$$

Die Konstanten C_1 und D_1 sind in Abhängigkeit von $K\varphi_0$ in Tabelle 3, die Veränderlichen n_c, n_d, t_c, t_d, m_c und m_d in Abhängigkeit von $K\varphi$ in Tabelle 4 angegeben.

Spannungen nach Gl. (183).

Der Wert $(1 - C_1 \cdot t_c - D_1 \cdot t_d)$ ist auf Abb. 12 in Abhängigkeit von $K\varphi_0$ aufgetragen. Aus diesem Kurvenblatt kann man für jede Bohrung die tangentiale Lochrandspannung ablesen.

$$K\varphi_0 = 0{,}65 \frac{d}{\sqrt{R \cdot s}}. \qquad (199)$$

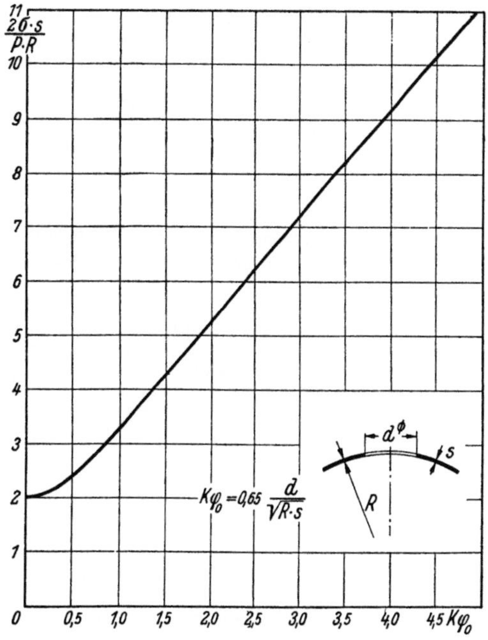

Abb. 12. Tangentialspannung am Rande eines Durchbruchs ohne Bördelrand.

D. Durchbruch mit Bördelrand.

1. Statisch unbestimmte Rechnung.

a) Randdeformationen des Bodens.

Der Winkel der Schnittstelle zwischen Boden und Bördelrand ergibt sich aus
der Bedingung

$$\sin \varphi_0 = \frac{b}{R - r}. \tag{200}$$

Aus Gl. (2), (3) und (40) folgt für die Deformationen am Rand des Bodens

$$\chi_0 = X_c \frac{N_r}{E\,s\,\varphi_0} - X_d \frac{M_r}{E\,s^2\,\varphi_0},$$

$$\frac{w_0}{s} = - W_c \frac{N_r}{E\,s\,\varphi_0} + W_d \cdot \frac{M_r}{E\,s^2\,\varphi_0} + 0{,}375 \frac{R^2}{s^2} \cdot \sin \varphi_0 \cdot \frac{p}{E}. \tag{201}$$

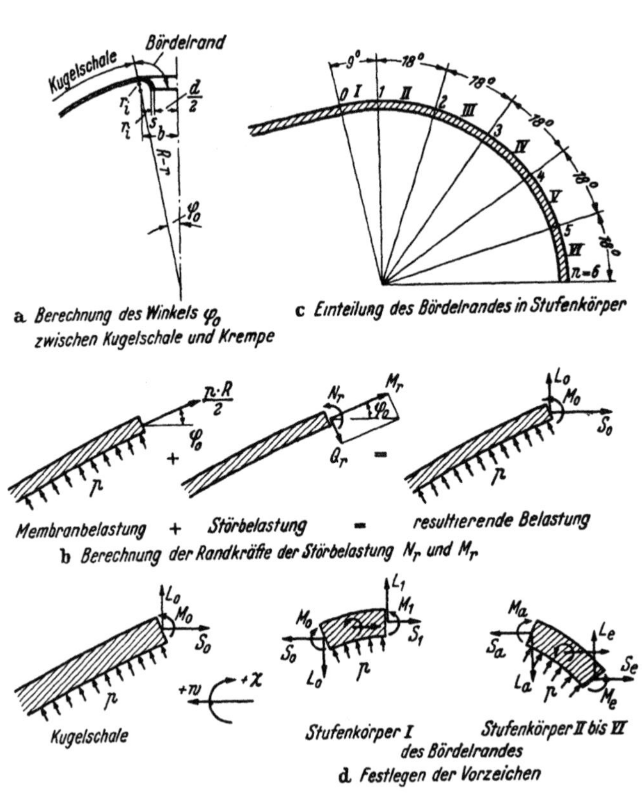

Abb. 13. Durchbruch mit Bördelrand.

Die Randkräfte N_r und M_r der Störbelastung müssen durch die statisch
unbestimmten Größen S_0 und M_0 ausgedrückt werden. Nach Abb. 13b, die die
Überlagerung von Membran- und Störbelastung zeigt, ergibt sich

$$S_0 = \frac{N_r}{\cos \varphi_0} + \frac{p \cdot R}{2} \cdot \cos \varphi_0 ,$$

$$N_r = S_0 \cdot \cos \varphi_0 - \frac{p \cdot R}{2} \cdot \cos^2 \varphi_0 , \qquad (202)$$

$$M_r = M_0 .$$

Damit werden die Randdeformationen des Bodens

$$\chi_0 = \frac{X_c \cdot \cos \varphi_0}{\varphi_0} \cdot \frac{S_0}{E\,s} - \frac{X_d \cdot r}{s \cdot \varphi_0} \cdot \frac{M_0}{E\,s\,r} - \frac{X_c \cdot R \cdot \cos^2 \varphi_0}{2\,s\,\varphi_0} \cdot \frac{p}{E} ,$$

$$\frac{w_0}{r} = - \frac{W_c \cdot s \cdot \cos \varphi_0}{r \cdot \varphi_0} \cdot \frac{S_0}{E\,s} + \frac{W_d}{\varphi_0} \cdot \frac{M_0}{E\,s\,r} + \left(\frac{W_c \cdot R \cdot \cos^2 \varphi_0}{2\,r \cdot \varphi_0} + 0{,}375\,\frac{h^2}{r \cdot s} \cdot \sin \varphi_0 \right) \frac{p}{E} . \qquad (203)$$

Die dimensionslose Darstellung w/r und $M/E\,s\,r$ ist mit Rücksicht auf die Stufenkörperrechnung gewählt. Die Konstanten X_c, X_d, W_c und W_d sind auf Abb. 5 in Abhängigkeit von $K\,\varphi_0$ aufgetragen.

$$K\,\varphi_0 = 1{,}295 \, \sqrt{\frac{R}{s}} \cdot \varphi_0 . \qquad (176)$$

b) Randkräfte des Bördelrandes.

Der Bördelrand wird in Stufenkörper eingeteilt. Der erste Stufenkörper liegt zwischen dem Ende der Kugelschale $\varphi = \varphi_0$ und dem Scheitel $\varphi = 0$. Der Restzentriwinkel des Bördelrandes wird unter die übrigen Stufenkörper gleich und ganzzahlig aufgeteilt.

Die Kräfte und Deformationen an der Endschnittstelle des ersten Stufenkörpers ergeben sich aus denen an der Anfangsschnittstelle nach den Gl. (87), (88), (104) und (105).

$$\frac{S_1}{E\,s} = (F_1 - F_2)\,\frac{S_0}{E\,s} - F_3 \cdot \frac{w_0}{r} + F_4 \cdot \chi_0 + (F_5 - F_6)\,\frac{p}{E} ,$$

$$\frac{M_1}{E\,s\,r} = G_0 \cdot \frac{M_0}{E\,s\,r} + (G_1 - G_2)\,\frac{S_0}{E\,s} - G_3\,\frac{w_0}{r} + G_4 \cdot \chi_0 - (G_5 - G_6 + G_7)\,\frac{p}{E} ,$$

$$\chi_1 = \chi_0 - H_1\,\frac{M_0 + M_1}{E\,s\,r} , \qquad (204)$$

$$\frac{w_1}{r} = H_2 \cdot \frac{w_0}{r} - H_3 \cdot \chi_0 + H_4 \cdot \frac{M_0}{E\,s\,r} + H_5 \cdot \frac{M_1}{E\,s\,r} - H_6 \cdot \frac{S_0 + S_e}{E\,s\,r} - H_7 \cdot \frac{p}{E} .$$

Für die übrigen Stufenkörper gilt nach Gl. (89), (90), (106) und (107)

$$\frac{S_e}{E\,s} = (F_1 - F_2)\,\frac{S_a}{E\,s} - F_3 \cdot \frac{w_a}{r} - F_4 \cdot \chi_a - (F_5 - F_6)\,\frac{p}{E} ,$$

$$\frac{M_e}{E\,s\,r} = G_0 \cdot \frac{M_a}{E\,s\,r} - (G_1 - G_2)\,\frac{S_a}{E\,s} + G_3 \cdot \frac{w_a}{r} + G_4 \cdot \chi_a - (G_5 - G_6 + G_7)\,\frac{p}{E} ,$$

$$\chi_e = \chi_a - H_1 \cdot \frac{M_a + M_e}{E\,s\,r} , \qquad (205)$$

$$\frac{w_e}{r} = H_2 \cdot \frac{w_a}{r} + H_3 \cdot \chi_a - H_4 \cdot \frac{M_a}{E\,s\,r} - H_5\,\frac{M_e}{E\,s\,r} - H_6\,\frac{S_a + S_e}{E\,s} + H_7 \cdot \frac{p}{E} .$$

Die Abkürzungswerte F_1 bis H_7 sind die gleichen wie beim nach außen gewölbten Kesselboden Gl. (178). Der Winkel φ wird immer positiv gerechnet; doch gilt natürlich

$$\frac{\varrho}{r} = \frac{a}{r} - \sin\varphi \,.$$

Wenn diese Rechnung für die einzelnen Stufenkörper nacheinander durchgeführt ist, hat man die beiden Kräfte S und M in Abhängigkeit von den statisch unbestimmten Randkräften S_0 und M_0 der Kugelschale.

c) Deformationsgleichungen.

Die Kräfte am Ende des Bördelrandes müssen gleich Null sein.

$$S_{B\ddot{o}rdelrand} = 0$$
$$M_{Bordelrand} = 0 \tag{206}$$

2. Spannungen.

Zuerst wird der Bördelrand behandelt, damit etwaige Rechenfehler in der Stufenkörperrechnung möglichst bald erscheinen.

a) Bördelrand.

Die inneren Kräfte werden für die Schnittstellen ausgerechnet. Nach Gl. (49), (70) und (71) gilt für den ersten Stufenkörper

$$N = S \cdot \cos\varphi + \frac{p \cdot \varrho}{2} \cdot \sin\varphi \,,$$
$$T = \frac{E\,s \cdot w}{\varrho} + \frac{N}{4} \tag{182}$$

und für die übrigen Stufenkörper

$$N = S \cdot \cos\varphi - \frac{p \cdot \varrho}{2} \cdot \sin\varphi \,,$$
$$T = \frac{E\,s\,w}{\varrho} + \frac{N}{4} \,. \tag{192}$$

Spannungen nach Gl. (183).

b) Boden.

Aus Gl. (1) und (42) folgt für die inneren Kräfte

$$N = C^* \cdot n_c + D^* \cdot n_d + \frac{p \cdot R}{2} \,,$$
$$T = C^* \cdot t_c + D^* \cdot t_d + \frac{p \cdot R}{2} \,, \tag{195}$$
$$\frac{M}{s} = C^* \cdot m_c + D^k \cdot m_d \,.$$

Die Veränderlichen n_c, n_d, l_c, l_d, m_c und m_d sind in Tabelle 4 in Abhängigkeit von $K \varphi$ angegeben. Für die Integrationskonstanten folgt aus Gl. (39) und (202)

$$C^* = C_1 \cdot \cos \varphi_0 \cdot S_0 + C_2 \cdot \frac{M_0}{s} - C_1 \cdot \cos^2 \varphi_0 \cdot \frac{p \cdot R}{2},$$

$$D^* = D_1 \cdot \cos \varphi_0 \cdot S_0 + D_2 \cdot \frac{M_0}{s} - D_1 \cdot \cos^2 \varphi_0 \cdot \frac{p \cdot R}{2}. \tag{207}$$

Die Konstanten C_1, C_2, D_1 und D_2 sind in Tabelle 3 in Abhängigkeit von $K \varphi_0$ angegeben.

Spannungen nach Gl. (183).

E. Nietnaht.

1. Statisch unbestimmte Rechnung.

a) Allgemeines.

Die Kräfte in der Nietnaht werden von der Gestalt des Kesselbodens beeinflußt. Die statisch unbestimmte Rechnung wird bis zum Ende der Krempe $\varphi = 90°$ genau so durchgeführt wie beim geschweißten Kessel.

Die nachstehenden Überlegungen gelten nur für den nach außen gewölbten Kesselboden.

Während beim geschweißten Kessel der Zusammenhang zwischen Kesselboden und Kesselmantel durch eine Längskraft, eine Querkraft und ein Biegemoment gegeben ist, treten beim genieteten Kessel neben der Längskraft zwei Radialkräfte auf, eine Kraft R_1, die die obere Nietreihe auf Kopfabreißen beansprucht, und eine Kraft R_2, die den unteren Rand des Kesselbodenansatzes gegen den Mantel drückt. Die Bestimmungsgleichungen für die statisch Unbestimmten S_0 und M_0 folgen aus der Bedingung, daß die radialen Aufweitungen an den Angriffsstellen der Kräfte R_1 und R_2 bei Kesselboden und Kesselmantel gleich sein müssen.

Die Längskraft ist in ihrer Größe statisch bestimmt. Sie wird in der Berührungsfläche zwischen Boden und Mantel übertragen. Für die Schubverteilung werden Annahmen gemacht, die sich darauf gründen, daß am Ende des Mantels Mantel und Boden auseinandergezogen werden und infolgedessen ein kleiner Kraftanteil übertragen wird, während am Ende des Bodens Mantel und Boden gegeneinandergedrückt werden und infolgedessen ein großer Kraftanteil übertragen wird.

b) Deformationen und Radialkräfte R_1 und R_2 des Kesselbodens.

α) Zweireihige Nietnaht.

Der zylindrische Teil des Kesselbodens wird in drei gleichgroße Stufenkörper eingeteilt. Es wird angenommen, daß die Längskraft am zweiten und dritten Stufen-

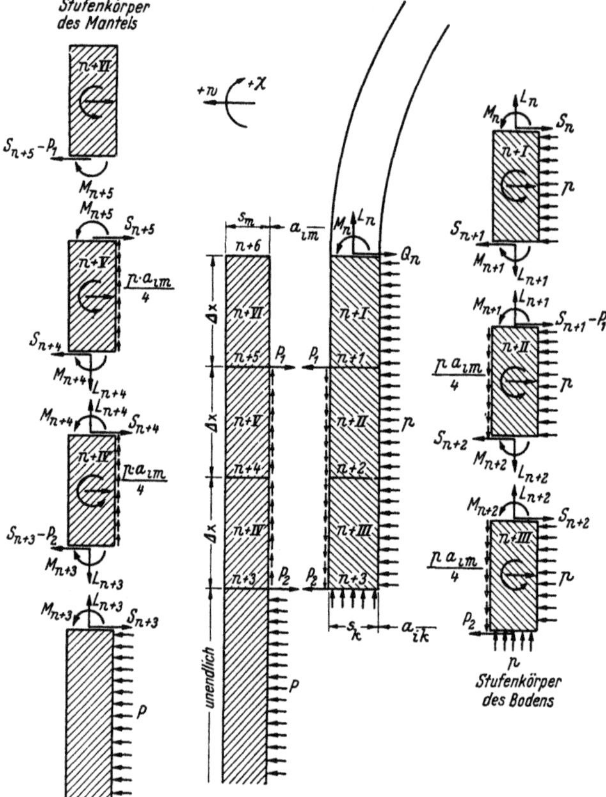

Abb. 14. Zweireihige Nietnaht.

körper gleichmäßig verteilt übertragen wird, während am ersten Stufenkörper keine Übertragung stattfindet. Die Radialkraft R_1 greift am Ende des ersten, die Radialkraft R_2 am Ende des dritten Stufenkörpers an (Abb. 14).

Vor Beginn der Stufenkörperrechnung müssen die Ausdrücke $M/E\,s\,r$ und w/r umgerechnet werden auf $M/E\,s\,\varDelta x$ und $w/\varDelta x$.

Die Kräfte an der Endschnittstelle der einzelnen Stufenkörper ergeben sich aus den Kräften und Deformationen an der Anfangsschnittstelle und aus den äußeren Kräften nach den Gl. (128), (129), (130) und (131).

Für den ersten Stufenkörper

$$\frac{S_{n+1}}{E\,s} = \frac{S_n}{E\,s} + F_3 \cdot \frac{w_n}{\varDelta x} + F_4 \cdot \chi_4 - \frac{7}{8} \cdot F_6 \frac{p}{E},$$

$$\frac{M_{n+1}}{E\,s\,\varDelta x} = \frac{M_n}{E\,s\,\varDelta x} - \frac{S_n}{E\,s} - G_3 \frac{w_n}{\varDelta x} - G_4 \cdot \chi_n + \frac{7}{8} \cdot G_6 \frac{p}{E}.$$

Für den zweiten Stufenkörper

$$\frac{S_{n+2}}{E\,s} = \frac{S_{n+1}}{E\,s} + F_3 \cdot \frac{w_{n+1}}{\varDelta x} + F_4 \cdot \chi_{n+1} - \frac{29}{32} \cdot F_6 \frac{p}{E} - \frac{R_1}{E\,s},$$

$$\frac{M_{n+2}}{E\,s\,\varDelta x} = \frac{M_{n+1}}{E\,s\,\varDelta x} - \frac{S_{n+1}}{E\,s} - G_3 \frac{w_{n+1}}{\varDelta x} - G_4 \cdot \chi_{n+1} + \frac{29}{32} \cdot G_6 \frac{p}{E} + \frac{R_1}{E\,s} + \frac{a_i\,m^2}{8\,a_K \cdot \varDelta x} \cdot \frac{p}{E}. \qquad (208)$$

Für den dritten Stufenkörper

$$\frac{S_{n+3}}{E\,s} = \frac{S_{n+2}}{E\,s} + F_3 \cdot \frac{w_{n+2}}{\varDelta x} + F_4 \cdot \chi_{n+2} - \frac{31}{32} \cdot F_6 \frac{p}{E},$$

$$\frac{M_{n+3}}{E\,s} = \frac{M_{n+2}}{E\,s\,\varDelta x} - \frac{S_{n+2}}{E\,s} - G_3 \frac{w_{n+2}}{\varDelta x} - G_4 \cdot \chi_{n+2} + \frac{31}{32} \cdot G_6 \frac{p}{E} + \frac{a_i\,m^2}{8\,a_K\,\varDelta x} \cdot \frac{p}{E}$$

mit den Abkürzungen

$$F_3 = \frac{\varDelta x^2}{a_K{}^2}, \qquad F_4 = \frac{1}{2}\,F_3, \qquad F_6 = \frac{\varDelta x\,a_{iK}}{s\cdot a_K},$$
$$G_3 = F_4, \qquad G_4 = \frac{1}{3}\,F_4, \qquad G_6 = \frac{1}{2}\,F_5. \tag{209}$$

Für die Deformationen gelten bei allen Stufenkörpern dieselben Gl. (139), (140), (141) und (142).

$$\chi_e = \chi_a + H_1 \cdot \frac{M_a + M_e}{E\,s\,\varDelta x}, \tag{210}$$
$$\frac{w_e}{\varDelta x} = \frac{w_a}{\varDelta x} + \chi_a + H_4 \cdot \frac{2\,M_a + M_e}{E\,s\,\varDelta x}$$

mit den Abkürzungen

$$H_1 = 6\,\frac{\varDelta x^2}{s^2},$$
$$H_4 = 2\,\frac{\varDelta x^2}{s^2}. \tag{211}$$

Wenn diese Rechnung für die einzelnen Stufenkörper nacheinander durchgeführt ist, hat man die beiden Kräfte S_{n+3} und M_{n+3} am Ende des Kesselbodenansatzes in Abhängigkeit von den statisch unbestimmten Randkräften S_0 und M_0 der Kugelschale und in Abhängigkeit von der Radialkraft R_1 an der Stelle der obersten Nietreihe. Die Bedingung, daß am Ende des Kesselbodenansatzes das Biegemoment Null und die Querkraft gleich der Radialkraft R_2 sein muß

$$M_{n+3} = 0,$$
$$S_{n+3} = R_2 \tag{212}$$

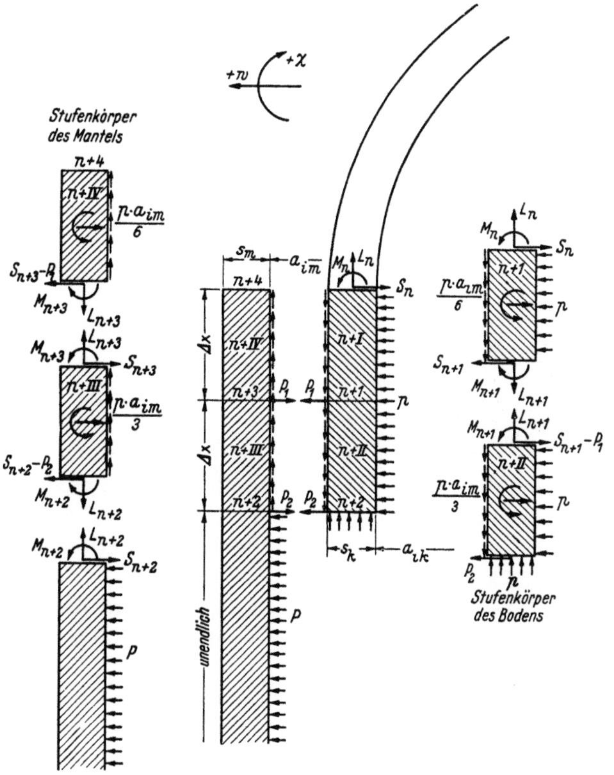

Abb. 15. Einreihige Nietnaht.

liefert zwei Gleichungen, mit deren Hilfe man R_1 und R_2 durch S_0 und M_0 ausdrücken kann. Dadurch, daß man nun noch R_1, in den Deformationsausdrücken w_{n+1} und w_{n+3}, an den Angriffsstellen der Kräfte R_1 und R_2 als Funktion von S_0 und M_0 einsetzt, wird erreicht, daß w_{n+1} und w_{n+3} durch S_0 und M_0 allein ausgedrückt sind.

β) Einreihige Nietnaht.

Die Rechnung für die einreihige Nietnaht unterscheidet sich von der für die zweireihige nur durch die Formeln für die Schnittstellenkräfte am Ende der einzelnen Stufenkörper. Unter der Annahme, daß die Längskraft zu $^1/_3$ am ersten Stufenkörper und zu $^2/_3$ am zweiten Stufenkörper übertragen wird (Abb. 15), gelten folgende Gleichungen:

Für den ersten Stufenkörper

$$\frac{S_{n+1}}{E\,s} = \frac{S_n}{E\,s} + F_3 \cdot \frac{w_n}{\varDelta x} + F_4 \cdot \chi_4 - \frac{7}{8} F_6 \frac{p}{E} \,,$$

$$\frac{M_{n+1}}{E\,s\,\varDelta x} = \frac{M_n}{E\,s\,\varDelta x} - \frac{S_n}{E\,s} - G_3 \cdot \frac{w_n}{\varDelta x} - G_4 \cdot \chi_4 + \frac{7}{8} G_6 \frac{p}{E} + \frac{a_i\,m^2}{12\,a_K\cdot\varDelta x} \cdot \frac{p}{E} \,.$$

Für den zweiten Stufenkörper $\hspace{8cm}$ (213)

$$\frac{S_{n+2}}{E\,s} = \frac{S_{n+1}}{E\,s} + F_3 \frac{w_{n+1}}{\varDelta x} + F_4 \cdot \chi_{n+1} - \frac{11}{12} \cdot F_6 \cdot \frac{p}{E} - \frac{R_1}{E\,s} \,,$$

$$\frac{M_{n+2}}{E\,s\,\varDelta x} = \frac{M_{n+1}}{E\,s\,\varDelta x} - \frac{S_{n+1}}{E\,s} - G_3 \frac{w_{n+1}}{\varDelta x} - G_4 \cdot \chi_{n+1} + \frac{11}{12} \cdot G_6 \cdot \frac{p}{E} + \frac{R_1}{E\,s} + \frac{a_i\,m^2}{6\,a_K\cdot\varDelta x} \cdot \frac{p}{E} \,.$$

Die Abkürzungen sind die gleichen wie bei der zweireihigen Nietnaht.

c) Deformationen und Radialkräfte R_1 und R_2 des Kesselmantels.

α) Zweireihige Nietnaht.

Der Kesselmantel wird für die Rechnung in drei Stufenkörper und das halbunendlich lange Rohr eingeteilt. Die Stufenkörper sind genau so lang wie die des Kesselbodenansatzes; die Schnittstellen liegen sich gegenüber. Die Ermittlung der inneren Kräfte und der Deformationen geht vom halbunendlich langen Rohr aus.

Für die Deformationen am Ende des halbunendlich langen Rohres folgt aus Gl. (158) und (159) und unter Berücksichtigung der Kraftrichtungen nach Abb. 14

$$\chi_{n+3} = 2 \cdot \lambda^2 \cdot \frac{S_{n+3}}{E\,s} - \frac{4\,\lambda^3\cdot\varDelta x}{a} \cdot \frac{M_{n+3}}{E\,s\,\varDelta x} \,,$$

$$\frac{w_{n+3}}{\varDelta x} = - \frac{2\,\lambda\,a}{\varDelta x} \cdot \frac{S_{n+3}}{E\,s} + 2\,\lambda^2 \cdot \frac{M_{n+3}}{E\,s\,\varDelta x} + \frac{7}{8} \cdot \frac{a^2}{s\cdot\varDelta x} \cdot \frac{p}{E} \,, \hspace{2cm} (214)$$

$$\lambda = 1{,}295 \sqrt{\frac{a}{s}} \,.$$

Die Kräfte an der Endschnittstelle der einzelnen Stufenkörper ergeben sich aus den Kräften und Deformationen an der Anfangsschnittstelle und aus den äußeren Kräften nach den Gl. (132) und (133).

Für den ersten Stufenkörper

$$\frac{S_{n+4}}{E\,s} = \frac{S_{n+3}}{E\,s} - F_3 \cdot \frac{w_{n+3}}{\varDelta x} + F_4 \cdot \chi_{n+3} - \frac{R_2}{E\,s} - \frac{3}{32} \cdot F_6 \frac{p}{E} \,,$$

$$\frac{M_{n+4}}{E\,s\,\varDelta x} = \frac{M_{n+3}}{E\,s\,\varDelta x} + \frac{S_{n+3}}{E\,s} - G_3 \cdot \frac{w_{n+3}}{\varDelta x} + G_4 \cdot \chi_{n+3} - \frac{R_2}{E\,s} - \frac{a_i\,m^2}{8\,a_m\cdot\varDelta x} \cdot \frac{p}{E} - \frac{3}{32} \cdot G_6 \cdot \frac{p}{E} \,.$$

Für den zweiten Stufenkörper

$$\frac{S_{n+5}}{E\,s} = \frac{S_{n+4}}{E\,s} - F_3 \cdot \frac{w_{n+4}}{\varDelta x} + F_4 \cdot \chi_{n+4} - \frac{1}{32} \cdot F_6 \cdot \frac{p}{E},$$

$$\frac{M_{n+5}}{E\,s\,\varDelta x} = \frac{M_{n+4}}{E\,s\,\varDelta x} + \frac{S_{n+4}}{E\,s} - G_3 \frac{w_{n+4}}{\varDelta x} + G_4 \cdot \chi_{n+4} - \frac{a_i\,m^2}{8\,a_m \cdot \varDelta x} \cdot \frac{p}{E} - \frac{1}{32} \cdot G_6 \cdot \frac{p}{E}.$$

(215)

Für den dritten Stufenkörper

$$\frac{S_{n+6}}{E\,s} = \frac{S_{n+5}}{E\,s} - F_3 \frac{w_{n+5}}{\varDelta x} + F_4 \cdot \chi_{n+5} - \frac{R_1}{E\,s},$$

$$\frac{M_{n+6}}{E\,s\,\varDelta x} = \frac{M_{n+5}}{E\,s\,\varDelta x} + \frac{S_{n+5}}{E\,s} - G_3 \frac{w_{n+5}}{\varDelta x} + G_4 \cdot \chi_{n+5} - \frac{R_1}{E\,s}$$

mit den Abkürzungen

$$F_3 = \frac{\varDelta x^2}{a_m^2}, \qquad\qquad G_3 = F_4,$$

$$F_4 = \frac{1}{2} F_3, \qquad\qquad G_4 = \frac{1}{3} F_4.$$

(216)

Für die Deformationen gelten bei allen Stufenkörpern dieselben Gl. (143) und (144)

$$\chi_e = \chi_a - \frac{M_a + M_e}{E\,s\,\varDelta x},$$

$$\frac{w_e}{\varDelta x} = \frac{w_a}{\varDelta x} - \chi_a + H_4 \frac{2\,M_e + M_a}{E\,s\,\varDelta x}$$

(217)

mit den Abkürzungen

$$H_1 = 6\,\frac{\varDelta x^2}{s^2},$$

$$H_4 = 2\,\frac{\varDelta x^2}{s^2}.$$

(218)

Wenn diese Rechnung für die einzelnen Stufenkörper nacheinander durchgeführt ist, hat man die beiden Kräfte S_{n+6} und M_{n+6} in Abhängigkeit von den statisch unbestimmten Randkräften S_{n+3} und M_{n+3} des halbunendlich langen Rohres und in Abhängigkeit von den Radialkräften R_1 und R_2. Die Bedingung, daß am Ende des Mantels das Biegemoment und die Querkraft gleich Null sein müssen,

$$M_{n+6} = 0$$

$$S_{n+6} = 0$$

(219)

liefert zwei Gleichungen, mit deren Hilfe man S_{n+3} und M_{n+3}, die beiden Randkräfte des halbunendlich langen Rohres durch R_1 und R_2 ausdrücken kann.

Die Deformationen des Mantels an den Angriffsstellen der Radialkräfte R_1 und R_2 sind zunächst in Abhängigkeit von S_{n+3}, M_{n+3}, R_1 und R_2 gegeben. Da die Deformationsausdrücke nur die Größen S_0 und M_0 enthalten sollen, werden zunächst S_{n+3} und M_{n+3} als Funktionen der Kräfte R_1 und R_2 eingesetzt und dann R_1 und R_2 durch S_0 und M_0 ausgedrückt. Hierzu benützt man die Ausdrücke für die Radialkräfte, die am Ende der Rechnung für den Kesselboden abgeleitet wurden.

β) Einreihige Nietnaht.

Die Rechnung für die einreihige Nietnaht unterscheidet sich von der für die zweireihige nur durch die Formeln für die Schnittstellenkräfte am Ende der einzelnen Stufenkörper. Es gelten folgende Gleichungen:

Für den ersten Stufenkörper

$$\frac{S_{n+3}}{Es} = \frac{S_{n+2}}{Es} - F_3 \frac{w_{n+2}}{\Delta x} + F_4 \cdot \chi_{n+2} - \frac{R_2}{Es} - \frac{1}{8} \cdot F_6 \cdot \frac{p}{E},$$

$$\frac{M_{n+3}}{Es\,\Delta x} = \frac{M_{n+2}}{Es\,\Delta x} + \frac{S_{n+2}}{Es} - G_3 \frac{w_{n+2}}{\Delta x} + G_4 \cdot \chi_{n+2} - \frac{R_2}{Es} + \frac{a_i\,m^2}{12\,a_m \cdot \Delta x} \cdot \frac{p}{E} - \frac{1}{8} \cdot G_6 \cdot \frac{p}{E}.$$

Für den zweiten Stufenkörper

$$\frac{S_{n+4}}{Es} = \frac{S_{n+3}}{Es} - F_3 \frac{w_{n+3}}{\Delta x} + F_4 \cdot \chi_{n+3} - \frac{R_1}{Es} - \frac{1}{24} \cdot F_6 \cdot \frac{p}{E},$$

$$\frac{M_{n+4}}{Es\,\Delta x} = \frac{M_{n+3}}{Es\,\Delta x} + \frac{S_{n+3}}{Es} - G_3 \frac{w_{n+3}}{\Delta x} + G_4 \cdot \chi_{n+3} - \frac{R_1}{Es} + \frac{a_i\,m^2}{6\,a_m \cdot \Delta x} \cdot \frac{p}{E} - \frac{1}{24} \cdot G_6 \cdot \frac{p}{E}.$$

(220)

Die Abkürzungen sind die gleichen wie bei der zweireihigen Nietnaht.

d) Deformationsgleichungen.

α) Zweireihige Nietnaht.

Die Aufweitungen w_{n+1} an der oberen Nietreihe und w_{n+3} am Ende des zylindrischen Kesselbodenansatzes müssen bei Kesselmantel und -boden gleich sein.

$$w_{n+1\,Boden} = w_{n+5\,Mantel},$$
$$w_{n+3\,Boden} = w_{n+3\,Mantel}.$$

(221)

Die beiden Deformationsgleichungen ergeben die statisch unbestimmten Randkräfte S_0 und M_0 der Kugelschale. Durch S_0 und M_0 sind R_1 und R_2 und alle inneren Kräfte und Deformationen bestimmt.

β) Einreihige Nietnaht.

Es gelten die entsprechenden Gleichungen

$$w_{n+1\,Boden} = w_{n+3\,Mantel},$$
$$w_{n+2\,Boden} = w_{n+2\,Mantel}.$$

(222)

2. Spannungen.

Es gelten dieselben Formeln wie beim nach außen gewölbten Kesselboden.

IV. Zahlenbeispiele.

A. Nach außen gewölbter Boden, geschweißt.

Kesselboden: $R_i = 1300$ mm, $s = 20$ mm, $r_i = 130$ mm $\left.\right\}$ $p = 10$ at.
Kesselmantel: $a_a = 650$ mm, $s = 20$ mm

1. Statisch unbestimmte Rechnung.

a) Randdeformationen des Bodens.

$$b = 650 - 20 - 130 = 500 \,\text{mm},$$

$$R - r = 1300 - 130 = 1170 \,\text{mm},$$

$$\sin \varphi_0 = \frac{500}{1170} = 0{,}42\,735,$$

$$\cos \varphi_0 = 0{,}90\,408,$$

$$\varphi_0 = 25°18' = 0{,}44\,157,$$

$$K \cdot \varphi_0 = 1{,}295 \sqrt{\frac{131}{2}} \cdot 0{,}44\,157 = 4{,}62,$$

$$X_a = 44, \qquad\qquad W_a = 113,$$

$$X_b = 33, \qquad\qquad W_b = 44,$$

$$\chi_0 = \frac{44 \cdot 0{,}90\,408}{0{,}44\,157} \cdot \frac{S_0}{E\,s} + \frac{33 \cdot 14}{2 \cdot 0{,}44\,157} \frac{M_0}{E\,s\,r} - \frac{44 \cdot 131 \cdot 0{,}90\,408^2}{2 \cdot 2 \cdot 0{,}44\,157} \cdot \frac{p}{E}$$

$$= 90{,}0866 \frac{S_0}{E\,s} + 523{,}1334 \cdot \frac{M_0}{E\,s\,r} - 2667{,}34 \frac{p}{E},$$

$$\frac{w_0}{r} = \frac{113 \cdot 2 \cdot 0{,}90\,408}{14 \cdot 0{,}44\,157} \cdot \frac{S_0}{E\,s} + \frac{44}{0{,}44\,157} \cdot \frac{M_0}{E\,s\,r} -$$

$$\qquad\qquad - \left(\frac{113 \cdot 131 \cdot 0{,}90\,408^2}{2 \cdot 14 \cdot 0{,}44\,157} - 0{,}375 \frac{131^2}{2 \cdot 14} \cdot 0{,}42\,735 \right) \frac{p}{E}$$

$$= 33{,}0512 \frac{S_0}{E\,s} + 99{,}6445 \frac{M_0}{E\,s\,r} - 880{,}3784 \frac{p}{E}.$$

b) Randdeformationen der Krempe.

$$\frac{\varrho}{r} = \frac{b}{r} + \sin \varphi \qquad\qquad \frac{b}{r} = \frac{50}{14} = 3{,}57\,143$$

$$\frac{\varrho_i}{r_i} = \frac{b}{r_i} + \sin \varphi \qquad\qquad \frac{b}{r_i} = \frac{50}{13} = 3{,}84\,615$$

$$\frac{r_i \cdot \varrho_{im}}{s \cdot \varrho_e} = \frac{\varrho_{im} \cdot r}{\varrho_e \cdot r_i} \cdot \frac{r_i^2}{s \cdot r} \qquad\qquad \frac{r_i^2}{s\,r} = \frac{13^2}{\cdot 14} = 6{,}03\,571$$

$$\frac{\varrho_a^2}{2\,s\,\varrho_e} = \frac{\varrho_a^2}{\varrho_e \cdot r} \cdot \frac{r}{2\,s} \qquad\qquad \frac{r}{2\,s} = \frac{14}{2 \cdot 2} = 3{,}50\,000$$

$$\frac{r \cdot \varrho_a}{8\,s \cdot \varrho_e} = \frac{\varrho_a}{\varrho_e} \cdot \frac{r}{8\,s} \qquad\qquad \frac{r}{8\,s} = \frac{14}{8 \cdot 2} = 0{,}87\,500$$

$$\frac{\varrho_{im}}{s} = \frac{\varrho_{im}}{r_i} \cdot \frac{r_i}{s} \qquad\qquad 0{,}469 \, \frac{r}{s} = 0{,}469 \frac{13}{2} = 3{,}0485$$

$$\frac{r^2}{s^2} = 49.$$

Zahlenbeispiele.

Grundwerte.

Winkel	$\varphi°$	$\sin\varphi$	$\cos\varphi$	$\varDelta\hat\varphi$	$\dfrac{\varrho}{r}$	$\dfrac{\varrho_\imath}{r_i}$	$\cos\varphi_a - \cos\varphi_m$	$\cos\varphi_m - \cos\varphi_e$
φ_0	25° 18′	0,42735	0,90408		3,99878			
φ_{mI}	33° 39′	0,55412	0,83244	0,29147	4,12555	4,40027	0,07164	0,08930
φ_1	42°	0,66913	0,74314		4,24056			
φ_{mII}	50°	0,76604	0,64279	0,27925	4,33747	4,61219	0,10035	0,11287
φ_2	58°	0,84805	0,52992		4,41948			
φ_{mIII}	66°	0,91355	0,40674	0,27925	4,48498	4,75970	0,12318	0,13110
φ_3	74°	0,96126	0,27564		4,53269			
φ_{mIV}	82°	0,99027	0,13917	0,27925	4,56170	4,83642	0,13647	0,13917
φ_4	90°	1,00000	0,00000		4,57143			

Vorarbeiten für Kraft- und Momentwerte. Radien.

Körper	$\dfrac{\varrho_a}{\varrho_e}$	$\dfrac{r}{4\,\varrho_e}$	$\dfrac{\varrho_m\cdot\varrho_e}{r^2}$	$\dfrac{\varrho_{im}\cdot r}{\varrho_e\cdot r_i}$	$\dfrac{r_i\cdot\varrho_{im}}{s\cdot\varrho_e}$	$\dfrac{r\cdot\varrho_a}{8\,s\,\varrho_e}$	$\dfrac{\varrho_a^2}{r\cdot\varrho_e}$	$\dfrac{\varrho_a^2}{2\,s\,\varrho_e}$	$\dfrac{r_i\cdot\varrho_{im}}{2\,s\cdot\varrho_e}$
I	0,94298	0,058954	17,49464	1,03766	6,26301	0,82511	3,77077	13,19770	3,13151
II	0,95952	0,056568	19,16936	1,04360	6,29887	0,83958	4,06890	14,24115	3,14944
III	0,97502	0,055155	20,32902	1,05008	6,33798	0,85314	4,30908	15,08178	3,16899
IV	0,99153	0,054687	20,85349	1,05797	6,38560	0,86795	4,49430	15,73005	3,19280

Vorarbeiten für Kraft- und Momentwerte. Winkel.

Körper	$\varDelta\varphi\cdot\cos\varphi_a$	$\varDelta\varphi\cdot\sin\varphi_m$	$\varDelta\varphi\cdot\sin\varphi_a$	$(\varDelta\varphi\cdot\sin\varphi_m)^2$ $\times 100$	$\dfrac{1}{6}(\varDelta\varphi\cdot\sin\varphi_m)^2$ $\times 100$	$\varDelta\varphi\cdot\cos\varphi_m$	$\varDelta\varphi^2$ $\times 100$	$\varDelta\varphi\cdot\sin\varphi_a\,(\cos\varphi_m-\cos\varphi_e)$ $\times 100$
I	0,26351	0,161509	0,124560	2,608516	0,43475	0,242631	8,49548	1,112321
II	0,20752	0,213917	0,186855	4,576048	0,76267	0,179499	7,79806	2,109032
III	0,14798	0,255109	0,236818	6,508060	1,08468	0,113582	7,79806	3,104684
IV	0,07697	0,276544	0,268432	7,647050	1,27451	0,038863	7,79806	3,735768

Kraftwerte.

Körper	F_1	F_2	$F_1 + F_2$	$100\,F_3$	$1000\,F_4$	F_5	F_6	$F_5 - F_6$
I	0,94298	0,01553	0,95851	1,66605	1,19356	1,01153	0,10278	0,90875
II	0,95952	0,01174	0,97126	1,45675	1,46185	1,34744	0,15688	1,19056
III	0,97502	0,00816	0,98318	1,37365	1,69206	1,61688	0,20204	1,41484
IV	0,99153	0,00421	0,99574	1,33910	1,82747	1,76583	0,23289	1,53294

Momentenwerte.

Körper	G_1	G_2	$G_1 + G_2$	$100\,G_3$	$10^4\,G_4$	G_5	G_6	G_7	$G_5 + G_6 - G_7$
I	0,152230	0,001387	0,153617	0,148778	0,72432	3,20217	0,26604	0,00918	3,45903
II	0,205258	0,001325	0,206583	0,164423	1,11110	2,55627	0,24560	0,01771	2,78416
III	0,248736	0,001070	0,249806	0,180086	1,48997	1,71302	0,24712	0,02649	1,93365
IV	0,274191	0,000586	0,274777	0,186363	1,70670	0,61132	0,24898	0,03241	0,82789

Vorarbeiten für Verformungswerte.

Körper	$\dfrac{r}{4\varrho_a}$	$\dfrac{r}{4\varrho_a}\cdot\varDelta\varphi\cdot\cos\varphi_m$	$\dfrac{r^2}{s^2}\cdot 2\cdot\varDelta\varphi^2$	$\dfrac{\varDelta\varphi}{4}\cdot\cos\varphi_m$	(4)	(5)	$0{,}469\cos\varphi_m$	$0{,}469\,\dfrac{r_i\varphi_{i\,m}}{s\cdot r_i}$	$\varDelta\varphi\cdot\sin\varphi_m\cdot\cos\varphi_a$
I	0,062519	0,015169	8,32557	0,06066	1,16890	0,61478	0,390414	13,41422	0,134447
II	0,058954	0,010582	7,64210	0,04487	1,57695	0,81091	0,301469	14,06026	0,137504
III	0,056568	0,006425	7,64210	0,02840	1,85550	0,94195	0,190761	14,50995	0,103763
IV	0,055155	0,002143	7,64210	0,00972	1,99026	0,99999	0,065271	14,74383	0,038485

Verformungswerte.

Körper	H_1	H_2	H_3	H_4	H_5	H_6	H_7
I	85,6922	0,98483	0,161509	9,73176	5,11839	0,094727	1,80350
II	82,0995	0,98942	0,213917	12,05121	6,19706	0,054113	1,93334
III	82,0995	0,99358	0,255109	14,17992	7,19848	0,021667	1,50560
IV	82,0995	0,99786	0,276533	15,20977	7,64202	0,002537	0,56742

$$\frac{S_1}{Es} = 0{,}95851\,\frac{S_0}{Es} +$$

$$+\,1{,}66\,605\cdot 10^{-2}\left(33{,}0512\,\frac{S_0}{Es} + 99{,}6445\,\frac{M_0}{Esr} - 880{,}3784\,\frac{p}{E}\right) +$$

$$+\,1{,}19\,356\cdot 10^{-3}\left(90{,}0866\,\frac{S_0}{Es} + 523{,}1334\,\frac{M_0}{Esr} - 2667{,}34\,\frac{p}{E}\right) -$$

$$-\,0{,}90\,875\,\frac{p}{E}$$

$$=\ \frac{S_0}{Es}\,(0{,}95\,851 + 0{,}55\,065 + 0{,}10\,752) +$$

$$+\,\frac{M_0}{Esr}\,(\quad\quad + 1{,}66\,013 + 0{,}62\,439) +$$

$$+\,\frac{p}{E}\,(\quad\quad - 14{,}66\,754 - 3{,}18\,363 - 0{,}90\,875)$$

$$=\ 1{,}61\,668\,\frac{S_0}{Es} + 2{,}28\,452\,\frac{M_0}{Esr} - 18{,}75\,992\,\frac{p}{E}\,.$$

$$\frac{M_1}{Esr} = 0{,}94\,298\,\frac{M_0}{Esr} -$$

$$-\,0{,}153\,617\,\frac{S_0}{Es} -$$

$$-\,1{,}48\,778\cdot 10^{-3}\left(33{,}0512\,\frac{S_0}{Es} + 99{,}6445\,\frac{M_0}{Esr} - 880{,}3784\,\frac{p}{E}\right) -$$

$$-\,0{,}72\,432\cdot 10^{-4}\left(90{,}0866\,\frac{S_0}{Es} + 523{,}1334\,\frac{M_0}{Esr} - 2667{,}34\,\frac{p}{E}\right) +$$

$$+\,3{,}45903\,\frac{p}{E}$$

$$=\ \frac{S_0}{Es}\,(\quad\quad - 0{,}153\,617 - 0{,}049\,173 - 0{,}006\,525) +$$

$$+\,\frac{M_0}{Esr}\,(0{,}94\,298\quad\quad - 0{,}14\,825 - 0{,}03\,789\ ) +$$

$$+\,\frac{p}{E}\,(\quad\quad\quad + 1{,}30\,981 + 0{,}19\,320 + 3{,}45\,903)$$

$$=\ -\,0{,}209\,315\,\frac{S_0}{Es} + 0{,}75\,684\,\frac{M_0}{Esr} + 4{,}96\,204\,\frac{p}{E}\,.$$

$$\chi_1 = \qquad\qquad \left(90{,}0866\ \frac{S_0}{Es} + 523{,}1334\ \frac{M_0}{Esr} - 2667{,}34\ \frac{p}{E}\right) +$$

$$+ 85{,}6992 \qquad \left(-0{,}209\,315\ \frac{S_0}{Es} - 1{,}75\,684\ \frac{M_0}{Esr} + 4{,}91\,632\ \frac{p}{E}\right)$$

$$= \quad \frac{S_0}{Es}\,(\qquad 90{,}0866 - 17{,}9381) +$$

$$+ \frac{M_0}{Esr}\,(\qquad 523{,}1334 + 150{,}5598) +$$

$$+ \frac{p}{E}\,(-2667{,}34 + 421{,}32\ ) $$

$$= \quad 72{,}1485\ \frac{S_0}{Es} + 673{,}6932\ \frac{M_0}{Esr} - 2246{;}02\ \frac{p}{E}\ .$$

$$\frac{w_1}{r} = \quad 0{,}98\,483 \quad \left(33{,}0512\ \frac{S_0}{Es} + 99{,}6445\ \frac{M_0}{Esr} - 880{,}3784\ \frac{p}{E}\right) +$$

$$+ 0{,}161\,509 \quad \left(90{,}0866\ \frac{S_0}{Es} + 523{,}1334\ \frac{M_0}{Esr} - 2667{,}34\ \frac{p}{E}\right) +$$

$$+ 9{,}73\,176\ \frac{M_0}{Esr} +$$

$$+ 5{,}11\,839 \quad \left(-0{,}209\,315\ \frac{S_0}{Es} + 0{,}75\,684\ \frac{M_0}{Esr} + 4{,}91\,632\ \frac{p}{E}\right) +$$

$$+ 0{,}094\,727 \quad \left(2{,}61\,668\ \frac{S_0}{Es} + 2{,}28\,452\ \frac{M_0}{Esr} - 18{,}00\,655\ \frac{p}{E}\right) +$$

$$+ 1{,}80\,350\ \frac{p}{E}$$

$$= \quad \frac{S_0}{Es}\,(+ 32{,}5498 + 14{,}5498 \qquad\quad - 1{,}0714 + 0{,}2479) +$$

$$+ \frac{M_0}{Esr}\,(+ 98{,}1329 + 84{,}4908 + 9{,}7318 + 3{,}8738 + 0{,}2164) +$$

$$+ \frac{p}{E}\,(- 867{,}0231 - 430{,}7994 \qquad\quad + 25{,}1636 - 1{,}7057 + 1{,}8035)$$

$$= \quad 46{,}2761\ \frac{S_0}{Es} + 196{,}4457\ \frac{M_0}{Esr} - 1272{,}5611\ \frac{p}{E}\ .$$

$$\frac{S_2}{Es} = \quad 0{,}97\,126 \quad \left(1{,}61\,668\ \frac{S_0}{Es} + 2{,}28\,452\ \frac{M_0}{Esr} - 18{,}75\,992\ \frac{p}{E}\right) +$$

$$+ 1{,}45\,675 \cdot 10^{-2}\left(46{,}2761\ \frac{S_0}{Es} + 196{,}4457\ \frac{M_0}{Esr} - 1272{,}5611\ \frac{p}{E}\right) +$$

$$+ 1{,}46\,185 \cdot 10^{-3}\left(72{,}1485\ \frac{S_0}{Es} + 673{,}6932\ \frac{M_0}{Esr} - 2246{,}02\ \frac{p}{E}\right) -$$

$$- 1{,}19\,056\ \frac{p}{E}$$

$$= \quad \frac{S_0}{Es}\,(+ 1{,}57\,022 + 0{,}6743 + 0{,}105\ ) +$$

$$+ \frac{M_0}{Esr}\,(+ 2{,}21\,886 + 2{,}86\,172 + 0{,}98\,484) +$$

$$+ \frac{p}{E}\,(- 18{,}22\,076 - 18{,}53\,803 - 3{,}28\,334 - 1{,}19\,056)$$

$$= \quad 2{,}34\,982\ \frac{S_0}{Es} + 6{,}06\,542\ \frac{M_0}{Esr} - 41{,}23\,269\ \frac{p}{E}\ .$$

$$\frac{M_2}{E\,s\,r} = \ 0{,}95\,952 \left(-\ 0{,}209\,315\,\frac{S_0}{E\,s} + \ 0{,}75\,684\,\frac{M_0}{E\,s\,r} + \ 4{,}96\,204\,\frac{p}{E}\right) -$$

$$-\ 0{,}206\,583 \left(1{,}61\,668\,\frac{S_0}{E\,s} + \ 2{,}28\,452\,\frac{M_0}{E\,s\,r} - \ 18{,}75\,992\,\frac{p}{E}\right) -$$

$$-\ 0{,}164\,423\cdot 10^{-2}\left(46{,}2761\,\frac{S_0}{E\,s} + 196{,}4457\,\frac{M_0}{E\,s\,r} - 1272{,}5611\,\frac{p}{E}\right) -$$

$$-\ 1{,}11\,110\ \cdot 10^{-4}\left(72{,}1485\,\frac{S_0}{E\,s} + 673{,}6932\,\frac{M_0}{E\,s\,r} - 2246{,}02\,\frac{p}{E}\right) +$$

$$+\ 2{,}78\,416\,\frac{p}{E}$$

$$=\ \frac{S_0}{E\,s}\,(-\,0{,}200\,842 - 0{,}333\,979 - 0{,}076\,089 - 0{,}008\,016) +$$

$$+\ \frac{M_0}{E\,s\,r}\,(+\,0{,}72\,620\ -0{,}47\,194\ -0{,}32\,300\ -0{,}07\,485\ ) +$$

$$+\ \frac{p}{E}\,(+\,4{,}76\,118\ +3{,}87\,548\ +2{,}09\,238\ +0{,}24\,956 + 2{,}78\,416)$$

$$=-\ 0{,}618\,926\,\frac{S_0}{E\,s} - 0{,}14\,359\,\frac{M_0}{E\,s\,r} + 13{,}76\,276\,\frac{p}{E}\,.$$

$$\chi_2 = \left(72{,}1485\,\frac{S_0}{E\,s} + 673{,}6932\,\frac{M_0}{E\,s\,r} + 2246{,}02\,\frac{p}{E}\right) +$$

$$+\ 82{,}0995 \left(-\,0{,}828\,241\,\frac{S_0}{E\,s} + \ 0{,}61\,325\,\frac{M_0}{E\,s\,r} + \ 18{,}72\,480\,\frac{p}{E}\right)$$

$$=\ \frac{S_0}{E\,s}\,(+\ 72{,}1485 - \ 67{,}9982) +$$

$$+\ \frac{M_0}{E\,s\,r}\,(+\ 673{,}6932 + \ 50{,}3475) +$$

$$+\ \frac{p}{E}\,(-\,2246{,}02\ + 1537{,}30\ )$$

$$=\ 4{,}1503\,\frac{S_0}{E\,s} + 724{,}0407\,\frac{M_0}{E\,s\,r} - 708{,}72\,\frac{p}{E}\,.$$

$$\frac{w_2}{r} = \ 0{,}98\,483 \left(+\ 46{,}2761\,\frac{S_0}{E\,s} + 196{,}4457\,\frac{M_0}{E\,s\,r} - 1272{,}5611\,\frac{p}{E}\right) +$$

$$+\ 0{,}213\,917 \left(+\ 72{,}1485\,\frac{S_0}{E\,s} + 673{,}6932\,\frac{M_0}{E\,s\,r} - 2246{,}02\,\frac{p}{E}\right) +$$

$$+\ 12{,}05\,121 \left(-\ 0{,}209\,315\,\frac{S_0}{E\,s} + \ 0{,}75\,684\,\frac{M_0}{E\,s\,r} + \ 4{,}96\,204\,\frac{p}{E}\right) +$$

$$+\ 6{,}19\,706 \left(-\ 0{,}618\,926\,\frac{S_0}{E\,s} - \ 0{,}14\,359\,\frac{M_0}{E\,s\,r} + \ 13{,}76\,276\,\frac{p}{E}\right) +$$

$$+\ 0{,}054\,113 \left(+\ 3{,}96\,650\,\frac{S_0}{E\,s} + \ 8{,}34\,994\,\frac{M_0}{E\,s\,r} - \ 59{,}99\,261\,\frac{p}{E}\right) +$$

$$+\ 1{,}93\,334\,\frac{p}{E}$$

$$= \frac{S_0}{E\,s}\,(+\;\;45{,}5741 + \;15{,}4338 - \;2{,}5225 - \;3{,}8355 + 0{,}2146) +$$

$$+ \frac{M_0}{E\,s\,r}\,(+\;193{,}4656 + 144{,}1144 + \;9{,}1208 - \;0{,}8898 + 0{,}4518) +$$

$$+ \frac{p}{E}\,(-\;1253{,}2563 - 480{,}4619 + 59{,}7986 + 85{,}2886 - 3{,}2464 + 1{,}9333)$$

$$= 54{,}8645\,\frac{S_0}{E\,s} + 346{,}2628\,\frac{M_0}{E\,s\,r} - 1589{,}9441\,\frac{p}{E}\;.$$

$$\frac{S_3}{E\,s} = \;\;0{,}98\,318 \left(2{,}34\,982\,\frac{S_0}{E\,s} + \;6{,}06\,542\,\frac{M_0}{E\,s\,r} - \;41{,}23\,269\,\frac{p}{E} \right) +$$

$$+ 1{,}37\,365 \cdot 10^{-2} \left(54{,}8645\;\frac{S_0}{E\,s} + 346{,}2628\;\frac{M_0}{E\,s\,r} - 1589{,}9441\;\frac{p}{E} \right) +$$

$$+ 1{,}69\,206 \cdot 10^{-3} \left(4{,}1503\;\frac{S_0}{E\,s} + 724{,}0407\;\frac{M_0}{E\,s\,r} - \;708{,}72\;\frac{p}{E} \right) -$$

$$- 1{,}41\,484\,\frac{p}{E}$$

$$= \frac{S_0}{E\,s}\,(+\;2{,}31\,030 + \;0{,}75\,365 + 0{,}00\,702) +$$

$$+ \frac{M_0}{E\,s\,r}\,(+\;5{,}96\,340 + \;4{,}75\,644 + 1{,}22\,512) +$$

$$+ \frac{p}{E}\,(-\;40{,}53\,916 - 21{,}84\,027 - 1{,}19\,920 - 1{,}41\,484)$$

$$= 3{,}07\,097\,\frac{S_0}{E\,s} + 11{,}94\,496\,\frac{M_0}{E\,s\,r} - 64{,}99\,347\,\frac{p}{E}\;.$$

$$\frac{M_3}{E\,s\,r} = +\,0{,}97\,502 \left(-0{,}618\,926\,\frac{S_0}{E\,s} - \;0{,}14\,359\,\frac{M_0}{E\,s\,r} + \;13{,}76\,276\,\frac{p}{E} \right) -$$

$$- 0{,}249\,806 \left(2{,}34\,982\,\frac{S_0}{E\,s} + \;6{,}06\,542\,\frac{M_0}{E\,s\,r} - \;41{,}23\,269\,\frac{p}{E} \right) -$$

$$- 0{,}180\,086 \cdot 10^{-2} \left(54{,}8645\;\frac{S_0}{E\,s} + 346{,}2628\;\frac{M_0}{E\,s\,r} - 1589{,}9441\;\frac{p}{E} \right) -$$

$$- 1{,}48\,997 \cdot 10^{-4} \left(4{,}1503\;\frac{S_0}{E\,s} + 724{,}040\;\frac{M_0}{E\,s\,r} - \;708{,}72\;\frac{p}{E} \right) +$$

$$+ 1{,}93\,365\,\frac{p}{E}$$

$$= \frac{S_0}{E\,s}\,(-\;0{,}603\,465 - \;0{,}586\,999 - 0{,}098\,803 - 0{,}000\,618) +$$

$$+ \frac{M_0}{E\,s\,r}\,(-\;0{,}14\,000 - \;1{,}51\,518 - 0{,}62\,357 - 0{,}10\,788\;) +$$

$$+ \frac{p}{E}\,(+\;13{,}41\,897 + 10{,}30\,017 + 2{,}86\,327 + 0{,}10\,560 + 1{,}93\,365)$$

$$= -\,1{,}289\,885\,\frac{S_0}{E\,s} - 2{,}38\,663\,\frac{M_0}{E\,s\,r} + 28{,}62\,166\,\frac{p}{E}\;.$$

$$\chi_3 = \left(4{,}1503\ \frac{S_0}{Es} + 724{,}0407\ \frac{M_0}{Esr} - 708{,}72\ \frac{p}{E}\right) +$$

$$+\ 82{,}0995\left(-1{,}908\,811\,\frac{S_0}{Es} -\ 2{,}53\,022\,\frac{M_0}{Esr} +\ 42{,}38\,442\,\frac{p}{E}\right)$$

$$=\ \frac{S_0}{Es}\,(+\ 4{,}1503 -\ 156{,}7124) +$$

$$+\ \frac{M_0}{Esr}\,(+\,724{,}0407 -\ 207{,}7298) +$$

$$+\ \frac{p}{E}\,(-\,708{,}72\ + 3479{,}74\ ).$$

$$= -152{,}5621\,\frac{S_0}{Es} + 516{,}3109\,\frac{M_0}{Esr} + 2771{,}02\,\frac{p}{E}.$$

$$\frac{w_3}{r} =\ 0{,}99\,358\left(54{,}8645\ \frac{S_0}{Es} + 346{,}2628\ \frac{M_0}{Esr} - 1589{,}9441\ \frac{p}{E}\right) +$$

$$+\ 0{,}255\,109\left(4{,}1503\ \frac{S_0}{Es} + 724{,}0407\ \frac{M_0}{Esr} -\ 708{,}72\ \frac{p}{E}\right) +$$

$$+\ 14{,}17\,992\left(-\ 0{,}618\,926\,\frac{S_0}{Es} -\ 0{,}14\,359\,\frac{M_0}{Esr} +\ 13{,}76\,276\,\frac{p}{E}\right) +$$

$$+\ 7{,}19\,848\left(-\ 1{,}289\,885\,\frac{S_0}{Es} -\ 2{,}38\,663\,\frac{M_0}{Esr} +\ 28{,}62\,166\,\frac{p}{E}\right) +$$

$$+\ 0{,}021\,667\left(5{,}42\,079\ \frac{S_0}{Es} +\ 18{,}01\,038\,\frac{M_0}{Esr} -\ 106{,}22\,616\,\frac{p}{E}\right) +$$

$$+\ 1{,}50\,560\ \frac{p}{E}$$

$$=\ \frac{S_0}{Es}\,(+\ 54{,}5123 +\ 1{,}0588 - 8{,}7763\ -\ 9{,}2852 + 0{,}1175) +$$

$$+\ \frac{M_0}{Esr}\,(+\ 344{,}0398 + 187{,}7093 -\ 2{,}0361 -\ 17{,}1801 + 0{,}3902) +$$

$$+\ \frac{p}{E}\,(-1579{,}7367 - 180{,}8009 + 195{,}1548 + 206{,}0324 - 2{,}3016 + 1{,}5056)$$

$$=\ + 37{,}6271\,\frac{S_0}{Es} + 509{,}9231\,\frac{M_0}{Esr} - 1360{,}1464\,\frac{p}{E}.$$

$$\frac{S_4}{Es} =\ 0{,}99\,574\left(+\ 3{,}07\,097\,\frac{S_0}{Es} +\ 11{,}94\,496\,\frac{M_0}{Esr} -\ 64{,}99\,347\,\frac{p}{E}\right) +$$

$$+\ 1{,}33\,910 \cdot 10^{-2}\left(+\ 37{,}6271\ \frac{S_0}{Es} + 509{,}9231\,\frac{M_0}{Esr} - 1360{,}1464\ \frac{p}{E}\right) +$$

$$+\ 1{,}82\,747 \cdot 10^{-3}\left(- 152{,}5621\ \frac{S_0}{Es} + 516{,}3109\,\frac{M_0}{Esr} + 2771{,}02\ \frac{p}{E}\right) -$$

$$-\ 1{,}53\,294\,\frac{p}{E}$$

$$=\ \frac{S_0}{Es}\,(+\ 3{,}05\,789 +\ 0{,}50\,386 - 0{,}27\,880) +$$

$$+\ \frac{M_0}{Esr}\,(+\ 11{,}89\,407 +\ 6{,}82\,838 + 0{,}94\,354) +$$

$$+\ \frac{p}{E}\,(-\ 64{,}71\,660 - 18{,}21\,372 + 5{,}06\,396 -\ 1{,}53\,294)$$

$$=\ 3{,}28\,295\,\frac{S_0}{Es} + 19{,}66\,599\,\frac{M_0}{Esr} - 79{,}39\,930\,\frac{p}{E}.$$

$$\frac{M_4}{E\,s\,r} = 0{,}99\,153 \left(- 1{,}289\,885\,\frac{S_0}{E\,s} - 2{,}38\,663\,\frac{M_0}{E\,s\,r} + 28{,}62\,166\,\frac{p}{E}\right) -$$

$$- 0{,}274\,777 \left(+ 3{,}07\,097\,\frac{S_0}{E\,s} + 11{,}94\,496\,\frac{M_0}{E\,s\,r} - 64{,}99\,347\,\frac{p}{E}\right) -$$

$$- 0{,}186\,363 \cdot 10^{-2} \left(+ 37{,}6271\,\frac{S_0}{E\,s} + 509{,}9231\,\frac{M_0}{E\,s\,r} - 1360{,}1464\,\frac{p}{E}\right) -$$

$$- 1{,}70\,670 \cdot 10^{-4} \left(- 152{,}5621\,\frac{S_0}{E\,s} + 516{,}3109\,\frac{M_0}{E\,s\,r} + 2771{,}02\,\frac{p}{E}\right) +$$

$$+ 0{,}82\,789\,\frac{p}{E}$$

$$= \frac{S_0}{E\,s} \left(- 1{,}278\,960 - 0{,}843\,832 - 0{,}070\,123 + 0{,}026\,038\right) +$$

$$+ \frac{M_0}{E\,s\,r} \left(- 2{,}36\,642 - 3{,}28\,220 - 0{,}95\,031 - 0{,}088\,119\right) +$$

$$+ \frac{p}{E} \left(+ 28{,}37\,923 + 17{,}85\,871 + 2{,}53\,481 - 0{,}47\,293 + 0{,}82\,789\right)$$

$$= - 2{,}166\,877\,\frac{S_0}{E\,s} - 6{,}68\,705\,\frac{M_0}{E\,s\,r} + 49{,}12\,771\,\frac{p}{E}\,.$$

$$\chi_4 = \left(- 152{,}5621\,\frac{S_0}{E\,s} + 516{,}3109\,\frac{M_0}{E\,s\,r} + 2771{,}02\,\frac{p}{E}\right) +$$

$$+ 82{,}0995 \left(- 3{,}456\,762\,\frac{S_0}{E\,s} - 9{,}07\,368\,\frac{M_0}{E\,s\,r} + 77{,}74937\,\frac{p}{E}\right)$$

$$= \frac{S_0}{E\,s} \left(- 152{,}5621 - 283{,}7984\right) +$$

$$+ \frac{M_0}{E\,s\,r} \left(+ 516{,}3109 - 744{,}9446\right) +$$

$$+ \frac{p}{E} \left(+ 2771{,}02 + 6383{,}18\right)$$

$$= - 436{,}3605\,\frac{S_0}{E\,s} - 228{,}6337\,\frac{M_0}{E\,s\,r} + 9154{,}20\,\frac{p}{E}\,.$$

$$\frac{w_4}{r} = 0{,}99\,786 \left(+ 37{,}6271\,\frac{S_0}{E\,s} + 509{,}9231\,\frac{M_0}{E\,s\,r} - 1360{,}1464\,\frac{p}{E}\right) +$$

$$+ 0{,}276\,533 \left(- 152{,}5621\,\frac{S_0}{E\,s} + 516{,}3109\,\frac{M_0}{E\,s\,r} + 2771{,}02\,\frac{p}{E}\right) +$$

$$+ 15{,}20\,977 \left(- 1{,}289\,885\,\frac{S_0}{E\,s} - 2{,}38\,663\,\frac{M_0}{E\,s\,r} + 28{,}62\,166\,\frac{p}{E}\right) +$$

$$+ 7{,}64\,202 \left(- 2{,}166\,877\,\frac{S_0}{E\,s} - 6{,}68\,705\,\frac{M_0}{E\,s\,r} + 49{,}12\,771\,\frac{p}{E}\right) +$$

$$+ 0{,}002\,537 \left(+ 6{,}35\,392\,\frac{S_0}{E\,s} + 31{,}61\,095\,\frac{M_0}{E\,s\,r} - 144{,}39\,277\,\frac{p}{E}\right) +$$

$$+ 56\,742\,\frac{p}{E}\,.$$

$$= \frac{S_0}{Es}\,(+\quad 37{,}5466 - 42{,}1884 - 19{,}6189 - 16{,}5593 + 0{,}0161) +$$

$$+ \frac{M_0}{Esr}\,(+\quad 508{,}8319 + 142{,}7770 - 36{,}3001 - 51{,}1026 + 0{,}0802) +$$

$$+ \frac{p}{E}\,(-1357{,}2357 + 766{,}2785 + 435{,}3289 + 375{,}4349 - 0{,}3663 + 0{,}5674$$

$$= -40{,}8039\,\frac{S_0}{Es} + 564{,}2864\,\frac{M_0}{Esr} + 220{,}0077\,\frac{p}{E}\,.$$

c) Randdeformationen des Mantels.

$$\lambda = 1{,}295\,\sqrt{\frac{64}{2}} = 1{,}295 \cdot 5{,}6569 = 7{,}32\,569\,,$$

$$\lambda^2 = 53{,}66\,573\,,$$

$$\lambda^3 = 393{,}1385\,,$$

$$\chi_4 = 2 \cdot 53{,}66\,573\,\frac{S_4}{Es} - \frac{4 \cdot 393{,}1385 \cdot 14}{64}\cdot\frac{M_4}{Esr}\,,$$

$$= 107{,}3315\,\frac{S_4}{Es} - 343{,}9962\,\frac{M_4}{Esr}\,,$$

$$\frac{w_4}{r} = -\frac{2 \cdot 7{,}32\,569 \cdot 64}{14}\cdot\frac{S_4}{Es} + 2 \cdot 53{,}66\,573\,\frac{M_4}{Esr} + \frac{7}{8}\cdot\frac{64^2}{2 \cdot 14}\,\frac{p}{E}\,,$$

$$= -66{,}9777\,\frac{S_4}{Es} + 107{,}3315\,\frac{M_4}{Es} + 128\,\frac{p}{E}\,.$$

d) Deformationsgleichungen.

$$-40{,}8039\,\frac{S_0}{Es} + 564{,}2864\,\frac{M_0}{Esr} + 220{,}0077\,\frac{p}{E}$$

$$= -66{,}9777\left(3{,}29\,269\,\frac{S_0}{Es} + 19{,}66\,599\,\frac{M_0}{Esr} - 79{,}39\,930\,\frac{p}{E}\right) +$$

$$+ 107{,}3315\left(-2{,}16\,650\,\frac{S_0}{Es} - 6{,}68\,705\,\frac{M_0}{Esr} + 49{,}12\,771\,\frac{p}{E}\right) + 128\,\frac{p}{E}\,,$$

$$\frac{S_0}{Es}\,(-40{,}8039 + 220{,}5368 + 232{,}5339) +$$

$$+ \frac{M_0}{Esr}\,(+564{,}2864 + 1317{,}1828 + 717{,}7311) +$$

$$+ \frac{p}{E}\,(+220{,}0077 - 5317{,}9825 - 5272{,}9508 - 128) = 0\,,$$

$$412{,}2668\,\frac{S_0}{Es} + 2599{,}2003\,\frac{M_0}{Esr} = 10\,498{,}9256\,\frac{p}{E}$$

$$-436{,}3605\,\frac{S_0}{Es} - 228{,}6337\,\frac{M_0}{Esr} + 9154{,}20\,\frac{p}{E}$$

$$= 107{,}3315\left(3{,}29\,269\,\frac{S_0}{Es} + 19{,}66\,599\,\frac{M_0}{Esr} - 79{,}39\,930\,\frac{p}{E}\right) -$$

$$- 343{,}9962\left(-2{,}16\,650\,\frac{S_0}{Es} - 6{,}68\,705\,\frac{M_0}{Esr} + 49{,}12\,771\,\frac{p}{E}\right)\,,$$

$$\frac{S_0}{E\,s}\,(-\ 436{,}3605 -\ 353{,}4094 -\ 745{,}2685) \dotplus$$

$$+\ \frac{M_0}{E\,s\,r}\,(-\ 228{,}6337 - 2110{,}7802 -\ 2300{,}3198) +$$

$$+\ \frac{p}{E}\,(\ 9153{,}67\ +\ 8522{,}05\ +\ 16\,899{,}75\ ) = 0$$

$$-\ 1535{,}0384\,\frac{S_0}{E\,s} - 4639{,}7337\,\frac{M_0}{E\,s\,r} = -\ 34\,575{,}47\,\frac{p}{E}.$$

Nennerdeterminante.

$$-\ 412{,}2668 \cdot 4639{,}7337 + 2599{,}2003 \cdot 1535{,}0384 = 10^6\,(-\,1{,}91281 + 3{,}98\,987) = 2{,}07\,706 \cdot 10^6.$$

S_0-Determinante.

$$-\ 10\,498{,}9256 \cdot 4639{,}7337 + 2599{,}2003 \cdot 34\,575{,}47 = 10^6\,(-\ 48{,}71\,222 + 89{,}86\,857)$$
$$= 41{,}15\,635 \cdot 10^6.$$

M_0 Determinante.

$$-\ 412{,}2668 \cdot 34\,575{,}47 + 10\,498{,}9256 \cdot 1535{,}0384 = 10^6\,(-\ 14{,}25\,433 + 16{,}11626)$$
$$= 1{,}86\,193 \cdot 10^6$$

$$S_0 = 19{,}8147\ p \cdot s = 396{,}294\ \text{kg/cm} \qquad M_0 = 0{,}89\,643\ p \cdot s \cdot r = 251{,}000\ \text{cm} \cdot \text{kg/cm}.$$

2. Ermittlung der Spannungen.

a) Krempe.

$$M_1 = -\ 0{,}206\,541 \cdot 5548{,}12 + 0{,}75\,684 \cdot 251{,}000 +\ 4{,}96\,204 \cdot 280 = -\ 1161{,}3 +$$
$$+\ 190{,}0 +\ 1389{,}4 = +\ 418{,}1\ \text{cm} \cdot \text{kg/cm}$$

$$M_2 = -\ 0{,}676\,314 \cdot 5548{,}12 - 0{,}14\,359 \cdot 251{,}000 + 13{,}76\,276 \cdot 280 = -\ 3433{,}9 -$$
$$-\ 36{,}0 +\ 3853{,}6 = +\ 383{,}1\ \text{cm} \cdot \text{kg/cm}$$

$$M_3 = -\ 1{,}287\,783 \cdot 5548{,}12 - 2{,}38\,663 \cdot 251{,}000 + 28{,}62\,166 \cdot 280 = -\ 7156{,}4 -$$
$$-\ 599{,}0 +\ 8014{,}1 = +\ 258{,}7\ \text{cm} \cdot \text{kg/cm}$$

$$M_4 = -\ 2{,}166\,502 \cdot 5548{,}12 - 6{,}68\,705 \cdot 251{,}000 + 49{,}12\,771 \cdot 280 = -\ 12\,022{,}1 -$$
$$-\ 1678{,}4 + 13\,755{,}8 = +\ 55{,}3\ \text{cm} \cdot \text{kg/cm}\ .$$

$$S_1 = 1{,}61\,668 \cdot 396{,}294 +\ 2{,}28\,452 \cdot 17{,}9286 - 18{,}75\,992 \cdot 20 =\ 640{,}7 +$$
$$+\ 41{,}0 -\ 375{,}2 = +\ 306{,}5\ \text{kg/cm}$$

$$S_2 = 2{,}35\,037 \cdot 396{,}294 +\ 6{,}06\,542 \cdot 17{,}9286 - 41{,}23\,269 \cdot 20 =\ 931{,}4 +$$
$$+\ 108{,}7 -\ 824{,}7 = +\ 215{,}4\ \text{kg/cm}$$

$$S_3 = 3{,}07\,423 \cdot 396{,}294 + 11{,}94\,496 \cdot 17{,}9286 - 64{,}99\,347 \cdot 20 = 1218{,}3 +$$
$$+\ 214{,}2 - 1299{,}9 = +\ 132{,}6\ \text{kg/cm}$$

$$S_4 = 3{,}29\,269 \cdot 396{,}294 + 19{,}66\,599 \cdot 17{,}9286 - 79{,}39\,930 \cdot 20 = 1304{,}9 +$$
$$+\ 352{,}6 - 1588{,}0 = +\ 69{,}5\ \text{kg/cm}$$

$$E\,\frac{w_0}{r} = +\ 33{,}0512 \cdot 198{,}147 +\ 99{,}6445 \cdot 8{,}9643 -\ 880{,}3784 \cdot 10 =\ 6549{,}0 +$$
$$+\ 893{,}2 -\ 8803{,}8 = -\ 1361{,}6\ \text{kg/cm}^2$$

$$E \cdot \frac{w_1}{r} = +\ 46{,}2903 \cdot 198{,}147 + 196{,}4457 \cdot 8{,}9643 - 1272{,}5611 \cdot 10 =\ 9172{,}3 +$$
$$+\ 1761{,}0 - 12\,725{,}6 = -\ 1792{,}3\ \text{kg/cm}^2$$

$$E \cdot \frac{w_2}{r} = +\ 54{,}9790 \cdot 198{,}147 + 346{,}2628 \cdot 8{,}9643 - 1589{,}9441 \cdot 10 =\ 10\,893{,}9 +$$
$$+\ 3104{,}0 - 15\,899{,}4 = -\ 1901{,}5\ \text{kg/cm}^2$$

$$E\,\frac{w_3}{r} = +\ 37{,}9663 \cdot 198{,}147 + 509{,}9231 \cdot 8{,}9643 - 1360{,}1464 \cdot 10 =\ 7522{,}9 +$$
$$+\ 4571{,}1 - 13\,601{,}5 = -\ 1507{,}5\ \text{kg/cm}^2$$

$$E\,\frac{w_4}{r} = -\ 40{,}1355 \cdot 198{,}147 + 564{,}2864 \cdot 8{,}9643 +\ 220{,}0077 \cdot 10 = -\ 7952{,}7 +$$
$$+\ 5058{,}4 +\ 2200{,}1 = -\ 694{,}2\ \text{kg/cm}^2\ .$$

Stelle	S kg/cm	$\cos \varphi$	L kg/cm	$\sin \varphi$	$S \cdot \cos \varphi$ kg/cm	$L \cdot \sin \varphi$ kg/cm	N kg/cm
0	+ 396,3	0,90408	+ 279,9	0,42735	+ 358,3	+ 119,6	+ 477,9
1	+ 306,5	0,74314	+ 296,8	0,66913	+ 227,8	+ 198,6	+ 426,4
2	+ 215,4	0,52992	+ 309,4	0,84805	+ 114,1	+ 262,4	+ 376,5
3	+ 132,6	0,27564	+ 317,3	0,96126	+ 36,5	+ 305,0	+ 341,5
4	+ 69,5	0,00000	+ 320,0	1,00000	+ 0,0	+ 320,0	+ 320,0

Stelle	$E\dfrac{w}{r}$ kg/cm²	$\dfrac{\varrho}{r}$	$E \cdot \dfrac{w}{\varrho}$ kg/cm²	$\dfrac{E \cdot w \cdot s}{\varrho}$ kg/cm	$\dfrac{N}{4}$ kg/cm	T kg/cm
0	— 1361,6	+ 3,99878	— 340,5	— 681,0	+ 119,8	— 561,2
1	— 1792,3	+ 4,24056	— 422,7	— 845,4	+ 106,8	— 738,6
2	— 1901,5	+ 4,41948	— 430,2	— 860,6	+ 94,3	— 766,3
3	— 1507,5	+ 4,53269	— 332,6	— 665,2	+ 85,4	— 579,8
4	— 694,2	+ 4,57143	— 151,9	— 303,8	+ 80,0	— 223,8

Stelle	$\dfrac{N}{s}$ kg/cm²	$\dfrac{T}{s}$ kg/cm²	$\dfrac{6\,M}{s^2}$ kg/cm²	$\dfrac{3\,M}{2\,s^2}$ kg/cm²	$\sigma_{N'a}$ kg/cm²	$\sigma_{N i}$ kg/cm²	$\sigma_{T a}$ kg/cm²	$\sigma_{T i}$ kg/cm²
0	+ 239	— 281	∓ 377	∓ 94	— 138	+ 616	— 375	— 187
1	+ 213	— 369	∓ 627	∓ 157	— 414	+ 840	— 526	— 213
2	+ 188	— 383	∓ 576	∓ 144	— 387	+ 764	— 527	— 239
3	+ 171	— 290	∓ 388	∓ 97	— 217	+ 559	— 387	— 193
4	+ 160	— 112	∓ 83	∓ 21	+ 77	+ 243	— 133	— 91

Die Biegemomente, Querkräfte und Durchbiegungen werden zur Kontrolle der Stufenkörperrechnung ausgestraakt.

b) Boden.

$$A^* = - 0,391 \cdot 0,90\,408 \cdot 396,294 - 0,219 \cdot \frac{251,000}{2,0} + \frac{0,391 \cdot 0,90\,408^2}{2,0} \cdot 10 \cdot 131$$

$$= - 140,09 - 27,48 + 209,33 = + 41,76$$

$$B^* = - 0,183 \cdot 0,90\,408 \cdot 396,294 + 0,072 \cdot \frac{251,000}{2,0} + \frac{0,183 \cdot 0,90408^2}{2,0} \cdot 10 \cdot 131$$

$$= - 65,57 + 9,04 + 97,97 = + 41,44$$

$K\,\varphi_0$	n_a	n_b	t_a	t_b	m_a	m_b
4,62	— 1,079	— 3,188	— 19,250	— 8,110	— 2,647	+ 5,810
4,40	— 0,350	— 2,841	— 13,830	— 9,580	— 3,080	+ 4,140
4,20	+ 0,170	— 2,478	— 9,610	— 9,990	— 3,175	+ 2,860
4,00	+ 0,574	— 2,104	— 6,250	— 9,750	— 3,064	+ 1,820
3,68	+ 0,986	— 1,492	— 2,211	— 8,380	— 2,610	+ 0,586
3,40	+ 1,149	— 0,985	+ 0,101	— 6,727	— 2,079	— 0,116
3,11	+ 1,176	— 0,541	+ 1,473	— 5,014	— 1,535	— 0,527
2,83	+ 1,108	— 0,174	+ 2,134	— 3,452	— 1,042	— 0,719
2,26	+ 0,824	+ 0,331	+ 2,149	— 1,130	— 0,312	— 0,702
1,70	+ 0,494	+ 0,586	+ 1,425	+ 0,106	+ 0,075	— 0,462
0,57	+ 0,056	+ 0,706	+ 0,380	+ 0,700	+ 0,252	— 0,123
0,00	+ 0,000	+ 0,707	+ 0,000	+ 0,707	+ 0,264	— 0,000

$K\ \varphi_0$	$A^* \cdot n_a$ kg/cm	$A^* \cdot t_a$ kg/cm	$A^* \cdot m_a$ kg/cm	$B^* \cdot n_b$ kg/cm	$B^* \cdot t_b$ kg/cm	$B^* \cdot m_b$ kg/cm	N kg/cm	T kg/cm	$\dfrac{M}{s}$ kg/cm	M cm kg/cm
4,62	— 45,1	— 803,9	— 110,5	— 132,1	— 336,1	+ 240,8	+ 477,8	— 485,0	+ 130,2	+ 260,4
4,40	— 14,6	— 577,5	— 128,6	— 117,7	— 397,0	+ 171,6	+ 522,7	— 319,5	+ 42,9	+ 85,8
4,20	+ 7,1	— 401,3	— 132,6	— 102,7	— 414,0	+ 118,5	+ 559,4	— 160,3	— 14,1	— 28,2
4,00	+ 24,0	— 261,0	— 128,0	— 87,2	— 404,6	+ 75,4	+ 591,8	— 10,0	— 52,5	— 105,0
3,68	+ 41,2	— 92,3	— 109,0	— 61,8	— 347,3	+ 24,3	+ 634,4	+ 215,4	— 84,7	— 169,4
3,40	+ 48,0	+ 4,2	— 86,8	— 40,8	— 278,8	— 4,8	+ 662,2	+ 380,5	— 91,6	— 183,2
3,11	+ 49,1	+ 61,5	— 64,1	— 22,4	— 207,8	— 21,8	+ 681,7	+ 508,7	— 85,9	— 171,8
2,83	+ 46,3	+ 89,1	— 43,5	— 7,2	— 143,1	— 29,8	+ 694,1	+ 601,1	— 73,3	— 146,6
2,26	+ 34,4	+ 89,7	— 13,0	+ 13,7	— 46,8	— 29,1	+ 703,1	+ 697,9	— 42,1	— 84,2
1,70	+ 20,6	+ 59,5	+ 3,1	+ 24,3	+ 4,4	— 19,2	+ 700,0	+ 718,9	— 16,0	— 32,0
0,57	+ 2,3	+ 15,9	+ 10,5	+ 29,3	+ 29,0	— 5,1	+ 686,6	+ 699,9	+ 5,4	+ 10,8
0,00	+ 0,0	+ 0,0	+ 10,0	+ 29,3	+ 29,3	— 0,0	+ 684,3	+ 684,3	+ 10,0	+ 20,0

$K\ \varphi_0$	$\dfrac{N}{s}$ kg/cm²	$\dfrac{T}{s}$ kg/cm²	$\dfrac{6\,M}{s^2}$ kg/cm²	$\dfrac{3\,M}{2s^2}$ kg/cm²	σ_{Na} kg/cm²	σ_{Ni} kg/cm²	σ_{Ta} kg/cm²	σ_{Ti} kg/cm²
4,62	+ 239	— 243	+ 391	+ 98	— 152	+ 630	— 341	— 145
4,40	+ 262	— 160	+ 129	+ 32	+ 133	+ 391	— 192	— 128
4,20	+ 280	— 80	— 42	— 11	+ 322	+ 238	— 69	— 91
4,00	+ 296	— 5	— 158	— 40	+ 454	+ 138	+ 35	— 45
3,68	+ 317	+ 108	— 254	— 64	+ 571	+ 63	+ 172	+ 44
3,40	+ 331	+ 190	— 275	— 69	+ 606	+ 53	+ 259	+ 121
3,11	+ 341	+ 254	— 258	— 65	+ 599	+ 83	+ 319	+ 189
2,83	+ 347	+ 301	— 220	— 55	+ 567	+ 127	+ 356	+ 246
2,26	+ 351	+ 349	— 126	— 32	+ 477	+ 225	+ 381	+ 317
1,70	+ 350	+ 359	— 48	— 12	+ 398	+ 302	+ 371	+ 347
0,57	+ 343	+ 350	+ 16	+ 4	+ 327	+ 359	+ 354	+ 346
0,00	+ 342	+ 342	+ 30	+ 8	+ 312	+ 372	+ 350	+ 334

c) Mantel.

$$S_4 = 69,5 \text{ kg/cm}$$
$$M_4 = 55,3 \text{ cm} \cdot \text{kg/cm}$$
$$\lambda = 7,33$$

$$M_4 = 55,3 \text{ cm} \cdot \text{kg/cm} \qquad Q_4 \frac{a}{\lambda} = 69,5 \cdot \frac{64}{7,33} = 606,8 \text{ cm} \cdot \text{kg/cm}$$

$$\frac{M_4}{s} = \frac{55,3}{2,0} = 27,65 \text{ kg/cm} \qquad Q_4 \cdot \frac{a}{\lambda \cdot s} = 69,5 \cdot \frac{64}{7,33 \cdot 2,0} = 303,4 \text{ kg/cm}$$

$\dfrac{\lambda \cdot x}{a}$	x cm	t_m	t_q	m_m	m_q
0,00	0,00	+ 3,3541	+ 3,3541	+ 1,0000	+ 0,0000
0.25	2,18	+ 1,8847	+ 2,5309	+ 0,9473	+ 0,1927
0,5)	4,37	+ 0,8100	+ 1,7853	+ 0,8231	+ 0,2908
0,75	6,55	+ 0,0793	+ 1,1593	+ 0,6676	+ 0,3220
1,00	8,75	— 0,3716	+ 0,6667	+ 0,5083	+ 0,3096
1,50	13,10	— 0,6936	+ 0,0529	+ 0,2384	+ 0,2226
2,00	17,48	— 0,6017	— 0,1889	+ 0,0667	+ 0,1231
2,50	21,80	— 0,3853	— 0,2206	— 0,0166	+ 0,0491
3,00	26,20	— 0,1889	— 0,1653	— 0,0423	+ 0,0070
4,00	34,90	— 0,0066	— 0,0402	— 0,0258	— 0,0139
5,00	43,65	— 0,0281	— 0,0064	— 0,0045	— 0,0065
6,00	52,40	— 0,0103	— 0,0080	— 0,0017	— 0,0007

x	$27{,}65\ t_m$	$303{,}4\ t_q$	$55{,}3\ m_m$	$606{,}8\ m_q$	N	T	M
cm	kg/cm	kg/cm	cm kg/cm	cm kg/cm	kg/cm	kg/cm	cm · kg/cm
0,00	+ 92,7	+ 1017,6	+ 55,3	+ 0,0	+ 320,0	− 284,9	+ 55,3
2,18	+ 52,1	+ 767,9	+ 52,4	+ 116,9	+ 320,0	− 75,8	− 64,5
4,37	+ 22,4	+ 541,7	+ 45,5	+ 176,5	+ 320,0	+ 120,7	− 131,0
6,55	+ 2,2	+ 351,7	+ 36,9	+ 195,4	+ 320,0	+ 290,5	− 159,8
8,75	− 10,3	+ 202,3	+ 28,1	+ 187,9	+ 320,0	+ 427,4	− 159,8
13,10	− 19,2	+ 16,0	+ 13,2	+ 135,1	+ 320,0	+ 604,8	− 121,9
17,48	− 16,6	− 57,3	+ 3,7	+ 74,7	+ 320,0	+ 680,7	− 71,0
21,80	− 10,7	− 66,9	− 0,9	+ 29,8	+ 320,0	+ 696,2	− 30,7
26,20	− 5,2	− 50,2	− 2,3	+ 4,2	+ 320,0	+ 685,0	− 6,5
34,90	− 0,2	− 12,2	− 1,4	− 8,4	+ 320,0	+ 652,4	+ 7,0
43,65	− 0,8	− 1,9	− 0,2	− 3,9	+ 320,0	+ 638,9	+ 3,7
52,40	− 0,3	− 2,4	− 0,1	− 0,4	+ 320,0	+ 637,9	+ 0,5

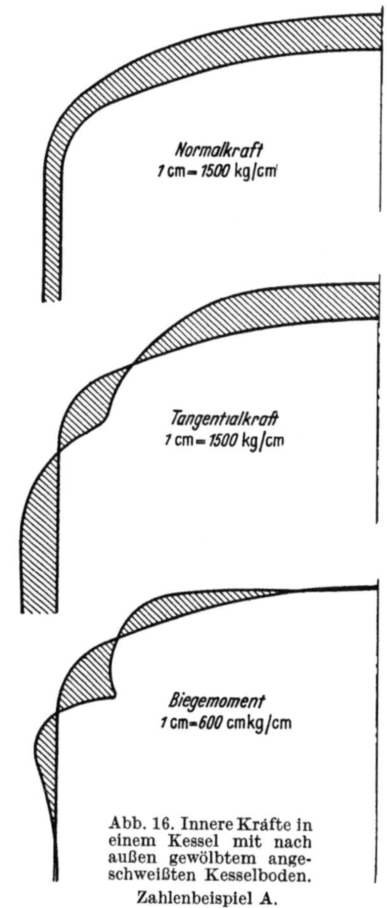

Abb. 16. Innere Kräfte in einem Kessel mit nach außen gewölbtem angeschweißten Kesselboden. Zahlenbeispiel A.

x	$\dfrac{N}{s}$	$\dfrac{T}{s}$	$\dfrac{6\,M}{s^2}$	$\dfrac{3\,M}{2\,s^2}$
cm	kg/cm²	kg/cm²	kg/cm²	kg/cm²
0,00	+ 160	− 142	+ 83	+ 21
2,18	+ 160	− 38	− 97	− 24
4,37	+ 160	+ 60	− 197	− 49
6,55	+ 160	+ 145	− 240	− 60
8,75	+ 160	+ 214	− 240	− 60
13,10	+ 160	+ 302	− 183	− 46
17,48	+ 160	+ 340	− 107	− 27
21,80	+ 160	+ 348	− 46	− 12
26,20	+ 160	+ 342	− 10	− 3
34,90	+ 160	+ 326	+ 11	+ 3
43,65	+ 160	+ 319	+ 6	+ 2
52,40	+ 160	+ 319	+ 1	+ 0

x	σ_{Na}	σ_{Ni}	σ_{Ta}	σ_{Ti}
cm	kg/cm²	kg/cm²	kg/cm²	kg/cm²
0,00	+ 77	+ 243	− 163	− 121
2,18	+ 257	+ 63	− 14	− 62
4,37	+ 357	− 37	+ 109	+ 11
6,55	+ 400	− 80	+ 205	+ 85
8,75	+ 400	− 80	+ 274	+ 154
13,10	+ 343	− 23	+ 348	+ 256
17,48	+ 267	+ 53	+ 367	+ 313
21,80	+ 206	+ 114	+ 360	+ 336
26,20	+ 170	+ 150	+ 345	+ 339
34,90	+ 149	+ 171	+ 323	+ 329
43,65	+ 154	+ 166	+ 317	+ 321
52,40	+ 159	+ 161	+ 319	+ 319

Die inneren Kräfte sind in Abb. 16 aufgetragen.

B. Nach innen gewölbter Boden, genietet.

Kesselboden: $R_i = 2500$ mm, $s = 18$ mm, $r_i = 46$ mm
Kesselmantel: $a_i = 1250$ mm, $s = 15$ mm $\Big\}\ p = 2{,}8$ at .
Einreihig genietet, Nietüberlappung 80 mm.

1. Statisch unbestimmte Rechnung.

a) Randdeformationen des Bodens.

$$\sin \varphi_0 = \frac{1186}{2564} = 0{,}46\,256$$

$$\varphi_0 = 27° 33' = 0{,}48\,084$$

$$K \cdot \varphi_0 = 1{,}295 \sqrt{\frac{250{,}9}{1{,}8}} \cdot 0{,}48\,084 = 7{,}34$$

$$X_a = 113 \qquad\qquad W_a = 460$$

$$X_b = 51 \qquad\qquad W_b = 113$$

$$\chi_0 = -208{,}3511 \frac{S_0}{E\,s} + 324{,}0856 \frac{M_0}{E\,s\,r} - 12\,873{,}95 \frac{p}{E}$$

$$\frac{w_0}{r} = 277{,}5780 \frac{S_0}{E\,s} - 235{,}0059 \frac{M_0}{E\,s\,r} + 16\,048{,}49 \frac{p}{E}$$

b) Randdeformationen der Krempe.

Die Einteilung der Krempe in Stufenkörper zeigt Abb. 11 c.

Kraftwerte

Körper	F_1	F_2	$F_1 + F_2$	$1000\,F_3$	$1000\,F_4$	F_5	F_6	$F_5 - F_6$
I	0,97855	0,00494	0,98349	1,04563	0,08852	0,28988	0,08313	0,20675
II	0,97734	0,00593	0,98327	1,08747	0,03705	0,34188	0,00000	0,34188
III	0,98368	0,00505	0,98873	1,04819	0,16658	0,93458	0,09836	0,83622
IV	0,99406	0,00290	0,99696	1,03000	0,24842	1,28149	0,17216	1,10933

Momentenwerte

Körper	G_1	G_2	$G_1 + G_2$	$10^3\,G_3$	$10^5\,G_4$	G_5	G_6	G_7	$G_5 + G_6 - G_7$
I	0,11203	0,00014	0,11217	0,03007	0,228447	14,73247	0,29272	0,00239	15,02280
II	0,13245	0,00059	0,13304	0,10864	0,332859	16,28449	0,34581	0,00000	16,63030
III	0,36420	0,00105	0,36525	0,21709	2,394763	12,27663	0,34603	0,02037	12,60229
IV	0,50276	0,00075	0,50351	0,26658	4,391134	4,61630	0,34733	0,04456	4,91907

Verformungswerte

Körper	H_1	H_2	H_3	H_4	H_5	H_6	H_7
I	26,9359	0,994467	0,114493	2,56006	1,53205	0,212729	3,40143
II	29,3313	0,994136	0,135518	3,29727	1,97228	0,229120	4,08550
III	29,3313	0,995873	0,370243	7,71373	4,09379	0,122786	8,31170
IV	29,3313	0,998498	0,505761	10,0633	5,11838	0,016450	4,19644

$$\frac{S_1}{Es} = + \ \ 1{,}29\,217 \frac{S_0}{Es} - \ \ 0{,}27\,442 \frac{M_0}{Esr} + \ \ 18{,}12\,713 \frac{p}{E}\,,$$

$$\frac{M_1}{Esr} = + \ \ 0{,}12\,100 \frac{S_0}{Es} + \ \ 0{,}97\,074 \frac{M_0}{Esr} + \ \ 15{,}53\,479 \frac{p}{E}\,,$$

$$\chi_1 = - \ 205{,}0919 \ \frac{S_0}{Es} + 377{,}1693 \frac{M_0}{Esr} - 12\,455{,}51 \ \frac{p}{E}\,,$$

$$\frac{w_1}{r} = + \ 300{,}1919 \frac{S_0}{Es} - 274{,}9168 \frac{M_0}{Esr} + 17\,410{,}33 \ \frac{p}{E}\,.$$

$$\frac{S_2}{Es} = + \ \ 1{,}58\,932 \frac{S_0}{Es} - \ \ 0{,}55\,482 \frac{M_0}{Esr} + \ \ 35{,}95\,371 \frac{p}{E}\,,$$

$$\frac{M_2}{Esr} = - \ \ 0{,}08\,558 \frac{S_0}{Es} + \ \ 1{,}01\,386 \frac{M_0}{Esr} + \ \ 27{,}55\,144 \frac{p}{E}\,,$$

$$\chi_2 = - \ 204{,}0530 \ \frac{S_0}{Es} + 435{,}3802 \frac{M_0}{Esr} - 11\,191{,}74 \ \frac{p}{E}\,,$$

$$\frac{w_2}{r} = + \ 271{,}5355 \frac{S_0}{Es} - 217{,}1811 \frac{M_0}{Esr} + 15\,742{,}33 \ \frac{p}{E}\,.$$

$$\frac{S_3}{Es} = + \ \ 1{,}82\,204 \frac{S_0}{Es} - \ \ 0{,}70\,369 \frac{M_0}{Esr} + \ \ 49{,}34\,892 \frac{p}{E}\,,$$

$$\frac{M_3}{Esr} = - \ \ 0{,}71\,874 \frac{S_0}{Es} + \ \ 1{,}23\,668 \frac{M_0}{Esr} + \ \ 23{,}42\,252 \frac{p}{E}\,,$$

$$\chi_3 = - \ 227{,}6448 \ \frac{S_0}{Es} + 501{,}3915 \frac{M_0}{Esr} - \ \ 9696{,}61 \ \frac{p}{E}\,,$$

$$\frac{w_3}{r} = + \ 191{,}6821 \frac{S_0}{Es} - \ \ 42{,}3595 \frac{M_0}{Esr} + 11\,860{,}89 \ \frac{p}{E}\,.$$

$$\frac{S_4}{Es} = + \ \ 1{,}95\,738 \frac{S_0}{Es} - \ \ 0{,}62\,062 \frac{M_0}{Esr} + \ \ 57{,}8975 \frac{p}{E}\,,$$

$$\frac{M_4}{Esr} = - \ \ 1{,}67\,299 \frac{S_0}{Es} + \ \ 1{,}57\,291 \frac{M_0}{Esr} + \ \ 0{,}6187 \frac{p}{E}\,,$$

$$\chi_4 = - \ 297{,}7974 \ \frac{S_0}{Es} + 583{,}8004 \frac{M_0}{Esr} - \ \ 8991{,}45 \ \frac{p}{E}\,,$$

$$\frac{w_4}{r} = + \ \ 60{,}5266 \frac{S_0}{Es} + 231{,}7625 \frac{M_0}{Esr} + \ \ 7183{,}74 \ \frac{p}{E}\,.$$

c) Randdeformationen des Mantels.

$$\frac{\lambda \cdot l}{a} = 0{,}917 \frac{8{,}0}{\sqrt{125{,}00 \ 1{,}65}} = 0{,}508\,,$$

$$X_1 = 1{,}68 \quad X_2 = 1{,}94 \quad X_3 = 1{,}30\,,$$
$$W_1 = 2{,}62 \quad W_2 = 1{,}68 \quad W_3 = 0{,}17\,.$$

$$\chi_4 = \ \ 127{,}27 \frac{S_4}{Es} - 101{,}04 \frac{M_4}{Esr} + 1538{,}83 \frac{p}{E}\,,$$

$$\frac{w_4}{r} = - \ 288{,}71 \frac{S_4}{Es} + 127{,}27 \frac{M_4}{Esr} + \ \ 292{,}70 \frac{p}{E}\,.$$

d) Deformationsgleichungen.

$$+ 60{,}5266 \, \frac{S_0}{E\,s} + 231{,}7625 \, \frac{M_0}{E\,s\,r} + 7183{,}74 \, \frac{p}{E}$$

$$= - 288{,}71 \left(1{,}95738 \, \frac{S_0}{E \cdot s} - 0{,}62\,062 \, \frac{M_0}{E\,s\,r} + 57{,}8975 \, \frac{p}{E} \right) +$$

$$+ 127{,}27 \left(- 1{,}67299 \, \frac{S_0}{E\,s} + 1{,}57\,291 \, \frac{M_0}{E\,s\,r} + 6{,}2187 \, \frac{p}{E} \right) + 292{,}70 \, \frac{p}{E}$$

$$- 297{,}7974 \, \frac{S_0}{E\,s} + 583{,}8004 \, \frac{M_0}{E\,s\,r} - 8991{,}45 \, \frac{p}{E}$$

$$= \quad 127{,}27 \left(1{,}95\,738 \, \frac{S_0}{E\,s} - 0{,}62062 \, \frac{M_0}{E\,s\,r} + 57{,}8975 \, \frac{p}{E} \right) -$$

$$- 101{,}04 \left(- 1{,}67\,299 \, \frac{S_0}{E\,s} + 1{,}57\,291 \, \frac{M_0}{E\,s\,r} + 6{,}2187 \, \frac{p}{E} \right) + 1538{,}83 \frac{p}{E}$$

$$Q_0 = - 27{,}7663 \, p \cdot s \quad = - 139{,}94 \text{ kg/cm}$$

$$M_0 = - 3{,}17\,480 \, p \cdot s \cdot r = - \quad 88{,}006 \text{ cm kg/cm}$$

2. Ermittlung der Spannungen.

a) Krempe.

Stelle	N kg/cm	T kg/cm	M cm·kg/cm	σ_{Na} kg/cm²	σ_{Ni} kg/cm²	σ_{Ta} kg/cm²	σ_{Ti} kg/cm²
0	− 199	+ 2120	− 88,0	+ 52	− 274	+ 1219	+ 1137
1	− 85	+ 2303	+ 252,1	− 514	+ 420	+ 1162	+ 1396
2	+ 57	+ 2045	+ 740,4	− 1339	+ 1403	+ 793	+ 1479
3	+ 152	+ 1536	+ 1093,7	− 1941	+ 2109	+ 347	+ 1359
4	+ 174	+ 1109	+ 1166,5	− 2063	+ 2257	+ 76	+ 1156

b) Boden.

$$A^* = 6{,}3222 \qquad B^* = 6{,}7306$$

$K \varphi_0$	N kg/cm	T kg/cm	M cm·kg/cm	σ_{Na} kg/cm²	σ_{Ni} kg/cm²	σ_{Ta} kg/cm²	σ_{Ti} kg/cm²
7,36	− 198,5	+ 2076,8	− 87,1	− 271	+ 51	+ 1113	+ 1195
7,00	− 287,5	+ 1267,5	− 376,9	− 857	+ 537	+ 530	+ 878
6,50	− 369,2	+ 341,0	− 471,4	− 1078	+ 668	− 29	+ 407
6,00	− 402,3	− 224,5	− 373,1	− 914	+ 468	− 298	+ 48
5,00	− 392,2	− 549,9	− 103,5	− 409	− 25	− 353	− 257
4,00	− 361,9	− 456,4	+ 13,0	− 177	− 225	− 248	− 260
3,11	− 347,5	− 375,7	+ 23,8	− 149	− 237	− 198	− 220
1,98	− 343,9	− 342,4	+ 8,1	− 176	− 206	− 186	− 194
0,85	− 345,8	− 344,4	− 1,4	− 195	− 189	− 192	− 190
0,00	− 346,5	− 346,5	− 3,1	− 199	− 187	− 194	− 192

Die inneren Kräfte sind in Abb. 17 aufgetragen.

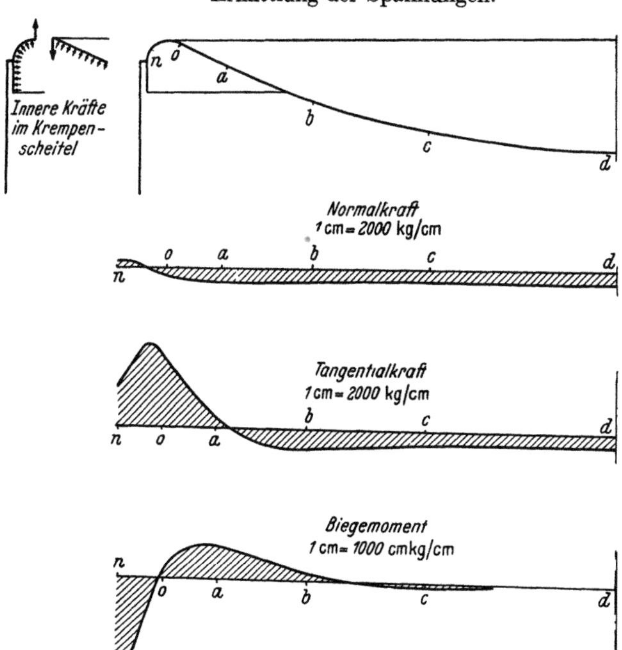

Abb. 17. Innere Kräfte in einem nach innen gewölbtem
angenieteten Kesselboden.
Zahlenbeispiel B.

C. Durchbruch ohne Bördelrand.

$$R_i = 175 \text{ mm}$$
$$s = 2{,}2 \text{ mm}$$
$$d = 40 \text{ mm}$$
$$p = 10 \text{ atü}$$

$$C_1 = +\ 3{,}521$$
$$D_1 = -\ 8{,}48$$

$$K = 1{,}295 \sqrt{\frac{17{,}61}{0{,}22}} = 11{,}6$$

$K\sqrt{2}\,\varphi$	N kg/cm	T kg/cm	M cm·kg/cm	σ_{Na} kg/cm²	σ_{Ni} kg/cm²	σ_{Ta} kg/cm²	σ_{Ti} kg/cm²
1,865	+ 0,0	+ 338,6	+ 0,058	— 0	+ 0	+ 1540	+ 1540
2,0	+ 21,5	+ 302,4	+ 1,027	— 30	+ 226	+ 1343	+ 1407
2,4	+ 60,9	+ 219,0	+ 2,731	— 62	+ 614	+ 910	+ 1080
2,8	+ 79,3	+ 164,6	+ 3,177	— 33	+ 753	+ 625	+ 821
3,2	+ 87,7	+ 129,2	+ 3,003	+ 26	+ 770	+ 475	+ 661
3,6	+ 90,9	+ 106,6	+ 2,499	+ 103	+ 721	+ 390	+ 544
4,0	+ 91,7	+ 106,7	+ 1,937	+ 176	+ 656	+ 408	+ 528
4,4	+ 91,5	+ 105,5	+ 1,414	+ 241	+ 591	+ 420	+ 508
4,8	+ 90,7	+ 102,8	+ 0,949	+ 293	+ 529	+ 421	+ 481
5,2	+ 90,1	+ 99,5	+ 0,581	+ 338	+ 482	+ 418	+ 454
5,6	+ 89,5	+ 96,3	+ 0,329	+ 365	+ 447	+ 412	+ 432
6,0	+ 89,0	+ 93,7	+ 0,136	+ 388	+ 422	+ 407	+ 415

Die inneren Kräfte sind in Abb. 18 aufgetragen.

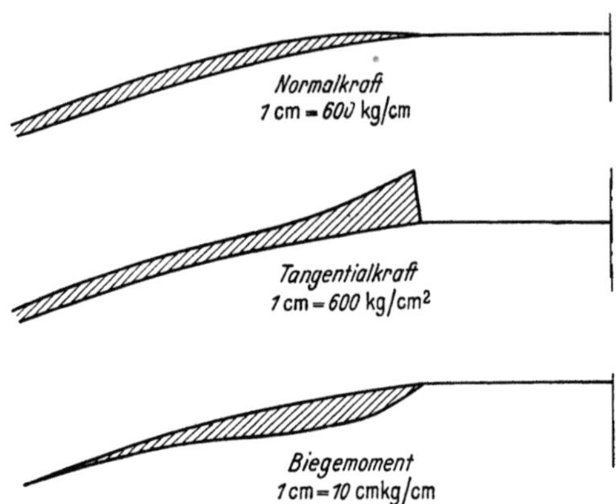

Abb. 18. Innere Kräfte im Kesselboden an einem
Durchbruch ohne Bördelrand.
Zahlenbeispiel C.

D. Durchbruch mit Bördelrand.

$$\text{Kesselboden:} \quad R_i = 175 \text{ mm}, \quad s = 2{,}2 \text{ mm} \left.\vphantom{\begin{array}{c}a\\b\end{array}}\right\} \; p = 10 \text{ atü}$$
$$\text{Bördelrand:} \quad d = 40 \text{ mm}, \quad r_i = 5 \text{ mm}$$

1. Statisch unbestimmte Rechnung.

a) Randdeformationen des Bodens.

$$\sin \varphi_0 = \frac{27{,}2}{170} = 0{,}16\,000$$

$$\varphi_0 = 9°12'25'' = 0{,}16\,069$$

$$K\,\varphi_0 = 1{,}295 \sqrt{\frac{176{,}1}{2{,}2}} \cdot 0{,}16\,069 = 1{,}862$$

$$X_c = 6{,}19 \qquad\qquad W_c = 9{,}41^{[1]}$$
$$X_d = 10{,}98 \qquad\qquad W_d = 6{,}19$$
$$X_0 = 38{,}03\,\frac{S_0}{E\,s} - 189{,}5\,\frac{M_0}{E\,s\,r} - 1502\,\frac{p}{E}$$

$$\frac{w_0}{r} = -20{,}85\,\frac{S_0}{E\,s} + 38{,}52\,\frac{M_0}{E\,s\,r} + 962{,}2\,\frac{p}{E}$$

---

[1] Diese Werte sind unexakt aus den Kurvenblättern abgelesen. Die genauen Werte wären $X_c = 5{,}70$, $X_d = 10{,}55$, $W_c = 8{,}58$ und $W_d = 5{,}70$.

b) Randkräfte des Bördelrandes.

Die Einteilung in Stufenkörper zeigt Abb. 13 c.

Kraftwerte

Körper	F_1	F_2	F_1-F_2	$100\,F_3$	$1000\,F_4$	F_5	F_6	F_5-F_6
I	1,03588	0,00887	1,02701	0,79197	0,076425	0,029851	0,009209	0,020642
II	1,07446	0,01893	1,05553	1,75943	0,216586	0,116557	0,000000	0,116557
III	1,07201	0,01930	1,05271	2,02626	1,216769	0,342207	0,036031	0,306176
IV	1,06061	0,01741	1,04320	2,29406	2,337877	0,536607	0,067881	0,468726
V	1,04049	0,01316	1,02733	2,50997	3,358430	0,676205	0,091655	0,584550
VI	1,01415	0,00702	1,00713	2,61638	3,992334	0,744030	0,105022	0,639008

Momentenwerte

Körper	G_1	G_2	G_1-G_2	$100\,G_3$	$10^4\,G_4$	G_5	G_6	G_7	$G_5-G_6+G_7$
I	0,01341	0,00003	0,01338	0,002558	0,002211	1,06002	0,02964	0,00003	1,03041
II	0,05280	0,00069	0,05211	0,064448	0,070821	2,06002	0,11704	0,00000	1,94395
III	0,15290	0,00158	0,15132	0,166133	0,686967	1,72645	0,11840	0,00295	1,61100
IV	0,23561	0,00208	0,23353	0,372737	1,886802	1,26450	0,11920	0,01329	1,15340
V	0,29125	0,00191	0,28934	0,363870	3,277792	0,75093	0,11921	0,01329	0,64501
VI	0,31468	0,00110	0,31358	0,409280	4,198458	0,24238	0,11833	0,01643	0,14048

Verformungswerte

Körper	H_1	H_2	H_3	H_4	H_5	H_6	H_7
I	7,39517	0,991351	0,012943	0,079596	0,047692	0,074704	0,076676
II	14,49156	0,982603	0,049144	0,592498	0,355107	0,143735	0,276096
III	14,49156	0,983137	0,142625	1,484105	0,795152	0,116974	0,682139
IV	14,49156	0,985654	0,222145	2,230437	1,157361	0,073671	0,800373
V	14,49156	0,990231	0,279919	2,758424	1,406270	0,030368	0,622350
VI	14,49156	0,996498	0,310292	3,016393	1,517522	0,003605	0,23266

Alle Koeffizienten der Stufenkörperrechnung sind positiv.

$$\frac{S_1}{E\,s} = +\,1{,}19\,505\,\frac{S_0}{E\,s} - 0{,}31\,955\,\frac{M_0}{E\,s\,r} - 7{,}71\,449\,\frac{p}{E}\,,$$

$$\frac{M_1}{E\,s\,r} = +\,0{,}01\,392\,\frac{S_0}{E\,s} + 1{,}03\,485\,\frac{M_0}{E\,s\,r} - 1{,}05\,535\,\frac{p}{E}\,,$$

$$\chi_1 = +\,37{,}9172\,\frac{S_0}{E\,s} - 204{,}5481\,\frac{M_0}{E\,s\,r} - 1494{,}20\,\frac{p}{E}\,,$$

$$\frac{w_1}{r} = -\,21{,}32\,508\,\frac{S_0}{E\,s} + 40{,}79\,236\,\frac{M_0}{E\,s\,r} + 973{,}7677\,\frac{p}{E}\,.$$

6a*

$$\frac{S_2}{Es} = + 1{,}62\,840\,\frac{S_0}{Es} - 1{,}01\,070\,\frac{M_0}{Esr} - 25{,}06\,858\,\frac{p}{E},$$

$$\frac{M_2}{Esr} = - 0{,}06\,078\,\frac{S_0}{Es} + 1{,}15\,339\,\frac{M_0}{Esr} - 2{,}05\,889\,\frac{p}{E},$$

$$\chi_2 = + 38{,}5963\,\frac{S_0}{Es} - 236{,}2591\,\frac{M_0}{Esr} - 1449{,}07\,\frac{p}{E},$$

$$\frac{w_2}{r} = - 19{,}48\,319\,\frac{S_0}{Es} + 29{,}19\,886\,\frac{M_0}{Esr} + 889{,}7407\,\frac{p}{E}.$$

$$\frac{S_3}{Es} = + 2{,}06\,205\,\frac{S_0}{Es} - 1{,}36\,814\,\frac{M_0}{Esr} - 42{,}96\,140\,\frac{p}{E},$$

$$\frac{M_3}{Esr} = - 0{,}34\,129\,\frac{S_0}{Es} + 1{,}42\,168\,\frac{M_0}{Esr} + 1{,}35\,383\,\frac{p}{E},$$

$$\chi_3 = + 44{,}4229\,\frac{S_0}{Es} - 273{,}5759\,\frac{M_0}{Esr} - 1438{,}85\,\frac{p}{E},$$

$$\frac{w_3}{r} = - 13{,}71\,995\,\frac{S_0}{Es} - 7{,}55\,391\,\frac{M_0}{Esr} + 678{,}6823\,\frac{p}{E}.$$

$$\frac{S_4}{Es} = + 2{,}36\,201\,\frac{S_0}{Es} - 0{,}61\,436\,\frac{M_0}{Esr} - 57{,}49\,159\,\frac{p}{E},$$

$$\frac{M_4}{Esr} = - 0{,}87\,271\,\frac{S_0}{Es} + 1{,}75\,505\,\frac{M_0}{Esr} + 11{,}90\,153\,\frac{p}{E},$$

$$\chi_4 = + 62{,}0157\,\frac{S_0}{Es} - 319{,}6117\,\frac{M_0}{Esr} - 1630{,}94\,\frac{p}{E},$$

$$\frac{w_4}{r} = - 2{,}20\,944\,\frac{S_0}{Es} - 73{,}2752\,\frac{M_0}{Esr} + 340{,}7195\,\frac{p}{E}.$$

$$\frac{S_5}{Es} = + 2{,}27\,375\,\frac{S_0}{Es} + 2{,}28\,140\,\frac{M_0}{Esr} - 62{,}72\,210\,\frac{p}{E},$$

$$\frac{M_5}{Esr} = - 1{,}57\,918\,\frac{S_0}{Es} + 1{,}63\,248\,\frac{M_0}{Esr} + 29{,}07\,822\,\frac{p}{E},$$

$$\chi_5 = + 97{,}5474\,\frac{S_0}{Es} - 368{,}7023\,\frac{M_0}{Esr} - 2224{,}80\,\frac{p}{E},$$

$$\frac{w_5}{r} = + 19{,}65\,878\,\frac{S_0}{Es} - 169{,}2123\,\frac{M_0}{Esr} - 188{,}5884\,\frac{p}{E}.$$

$$\frac{S_6}{Es} = + 1{,}38\,617\,\frac{S_0}{Es} + 8{,}19\,689\,\frac{M_0}{Esr} - 49{,}41\,688\,\frac{p}{E},$$

$$\frac{M_6}{Esr} = - 2{,}19\,312\,\frac{S_0}{Es} + 0{,}09\,283\,\frac{M_0}{Esr} + 47{,}31\,168\,\frac{p}{E},$$

$$\frac{w_6}{s} = + 57{,}93\,619\,\frac{S_0}{Es} - 288{,}1256\,\frac{M_0}{Esr} - 1037{,}3431\,\frac{p}{E}.$$

c) Deformationsgleichungen.

$$1{,}38\,617\,\frac{S_0}{E\,s} + 8{,}19\,689\,\frac{M_0}{E\,s\,r} - 49{,}41\,688\,\frac{p}{E} = 0$$

$$-2{,}19\,312\,\frac{S_0}{E\,s} + 0{,}09\,283\,\frac{M_0}{E\,s\,r} + 47{,}31\,168\,\frac{p}{E} = 0$$

$$S_0 = 21{,}6728 \quad p \cdot s \;= 47{,}6802 \text{ kg/cm}$$
$$M_0 = \;\;2{,}36\,367 \quad p \cdot s \cdot r = \;3{,}17\,205 \text{ cm} \cdot \text{kg/cm}$$

2. Ermittlung der Spannungen.
a) Bördelrand.

Stelle	N kg/cm	T kg/cm	M cm·kg/cm	σ_{Na} kg/cm²	σ_{Ni} kg/cm²	σ_{Ta} kg/cm²	σ_{Ti} kg/cm²
0	+ 49,3	+ 298,7	+ 3,172	− 169	+ 617	+ 1260	+ 1456
1	+ 38,4	+ 309,6	+ 2,274	− 107	+ 457	+ 1336	+ 1478
2	+ 12,5	+ 287,5	+ 0,872	− 51	+ 165	+ 1280	+ 1334
3	− 9,6	+ 204,2	− 3,599	+ 402	− 490	+ 1040	+ 816
4	− 19,0	+ 67,3	− 3,844	+ 391	− 563	+ 425	+ 187
5	− 15,7	− 105,8	− 1,729	+ 143	− 285	− 427	− 535
6	− 10,6	− 296,9	− 0,000	− 48	− 48	− 1350	− 1350

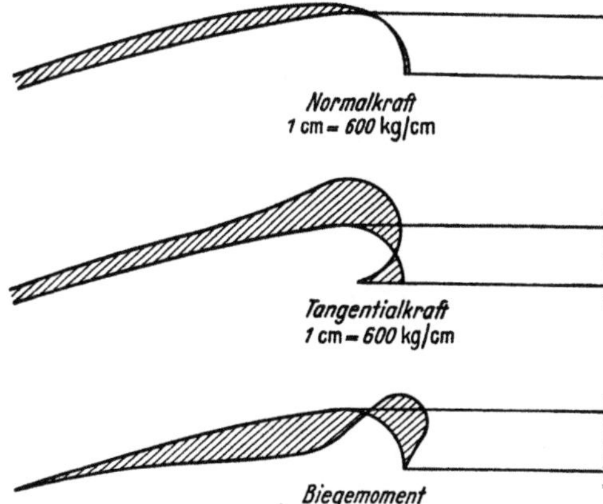

Abb. 19. Innere Kräfte im Kesselboden an einem Durchbruch mit Bördelrand. Zahlenbeispiel D.

b) Boden. $C^* = -829{,}9$ $D^* = 1205{,}1$

$K\sqrt{2}\,\varphi$	N kg/cm	T kg/cm	M cm·kg/cm	σ_{Na} kg/cm²	σ_{Ni} kg/cm²	σ_{Ta} kg/cm²	σ_{Ti} kg/cm²
2,64	+ 49,7	+ 279,8	+ 3,19	− 170	+ 621	+ 1173	+ 1371
2,8	+ 62,0	+ 244,4	+ 3,78	− 187	+ 750	+ 994	+ 1228
3,2	+ 80,5	+ 181,6	+ 4,29	− 166	+ 898	+ 692	+ 958
3,6	+ 89,0	+ 136,3	+ 3,96	− 86	+ 895	+ 497	+ 742
4,0	+ 92,1	+ 108,7	+ 3,28	+ 12	+ 825	+ 379	+ 609
4,4	+ 94,9	+ 92,1	+ 2,53	+ 118	+ 745	+ 340	+ 497
4,8	+ 92,4	+ 83,2	+ 1,87	+ 188	+ 652	+ 320	+ 436
5,2	+ 91,5	+ 79,3	+ 1,19	+ 268	+ 563	+ 324	+ 397
5,6	+ 90,5	+ 78,3	+ 0,73	+ 321	+ 502	+ 333	+ 379
6,0	+ 89,8	+ 79,1	+ 0,40	+ 359	+ 458	+ 347	+ 372

Die inneren Kräfte sind auf Abb. 19 aufgetragen.

E. Zweireihige Nietnaht.

Es ist ein Kesselboden von den Abmessungen des Zahlenbeispiels A zugrunde gelegt. Der Mantel hat infolge der Nietung um die doppelte Wandstärke größeren Durchmesser. Die Überlappung der zweireihigen Nietnaht beträgt 140 mm.

1. Statisch unbestimmte Rechnung.

a) Deformationen und Radialkräfte R_1 und R_2 des Kesselbodens.

$$F_3 = 5,31\,684 \cdot 10^{-3} \qquad\qquad G_3 = F_4 = 2,65\,842 \cdot 10^{-3}$$

$$F_4 = 2,65\,842 \cdot 10^{-3} \qquad\qquad G_4 = \frac{F_4}{3} = 0,88\,614 \cdot 10^{-3}$$

$$F_6 = 2,29\,688 \cdot 10^{-3} \qquad\qquad G_6 = \frac{F_6}{2} = 1,14\,844$$

$$H_1 = 32,6667$$
$$H_4 = 10,8889$$

$$\frac{S_4}{Es} = +\quad 3,29\,269\ \frac{S_0}{Es} + \quad 6,55\,533\ \frac{M_0}{Es\,\varDelta x} - \quad 79,39\,930\ \frac{p}{E}\ .$$

$$\frac{M_4}{Es\,\varDelta x} = -\quad 6,499\,506\ \frac{S_0}{Es} - \quad 6,68\,705\ \frac{M_0}{Es\,\varDelta x} + \quad 147,38\,313\ \frac{p}{E}\ ,$$

$$\chi_4 = -\ 435,0903\ \frac{S_0}{Es} - \ 76,21\,123\ \frac{M_0}{Es\,\varDelta x} + \ 9154,20\ \frac{p}{E}\ ,$$

$$\frac{w_4}{\varDelta x} = -\ 120,4065\ \frac{S_0}{Es} + \ 564,2864\ \frac{M_0}{Es\,\varDelta x} + \ 660,0231\ \frac{p}{E}\ .$$

$$\frac{S_5}{Es} = +\quad 1,49\,586\ \frac{S_0}{Es} + \quad 9,35\,295\ \frac{M_0}{Es\,\varDelta x} - \quad 53,5642\ \frac{p}{E}\ ,$$

$$\frac{M_5}{Es\,\varDelta x} = -\quad 9,08\,656\ \frac{S_0}{Es} - \quad 14,67\,496\ \frac{M_0}{Es\,\varDelta x} + \quad 217,92\,080\ \frac{p}{E}\ ,$$

$$\chi_5 = -\ 944,2358\ \frac{S_0}{Es} - \ 774,0376\ \frac{M_0}{Es\,\varDelta x} + 21\,087,47\ \frac{p}{E}\ ,$$

$$\frac{w_5}{\varDelta x} = -\ 795,9845\ \frac{S_0}{Es} + \ 182,6518\ \frac{M_0}{Es\,\varDelta x} + 15\,396,82\ \frac{p}{E}\ .$$

$$\frac{S_6}{Es} = -\quad 5,24\,644\ \frac{S_0}{Es} + \quad 8,26\,636\ \frac{M_0}{Es\,\varDelta x} + \quad 82,2761\ \frac{p}{E} - \frac{R_1}{Es}\ ,$$

$$\frac{M_6}{Es\,\varDelta x} = -\quad 7,62\,963\ \frac{S_0}{Es} - \quad 23,82\,757\ \frac{M_0}{Es\,\varDelta x} + \quad 214,6764\ \frac{p}{E} + \frac{p_1}{Es}\ ,$$

$$\chi_6 = -\ 1490,2986\ \frac{S_0}{Es} - 2031,7882\ \frac{M_0}{Es\,\varDelta x} + 35\,218,99\ \frac{p}{E} + 32,6667\ \frac{R_1}{Es}\ ,$$

$$\frac{w_6}{\varDelta x} = -\ 2021,1839\ \frac{S_0}{Es} - 1170,4302\ \frac{M_0}{Es\,\varDelta x} + 43\,567,72\ \frac{p}{E} + 10,8889\ \frac{R_1}{Es}\ .$$

$$\frac{S_7}{Es} = -\quad 19,95\,459\ \frac{S_0}{Es} - \quad 3,35\,798\ \frac{M_0}{Es\,\varDelta x} + \quad 405,3205\ \frac{p}{E} - 0,85\,527\ \frac{R_1}{Es}\ ,$$

$$\frac{M_7}{Es\,\varDelta x} = +\quad 4,31\,058\ \frac{S_0}{Es} - \quad 27,18\,198\ \frac{M_0}{Es\,\varDelta x} - \quad 11,7491\ \frac{p}{E} + 1,94\,210\ \frac{R_1}{Es}\ ,$$

$$\frac{w_7}{\varDelta x} = -\ 3677,6391\ \frac{S_0}{Es} - 3721,1305\ \frac{M_0}{Es\,\varDelta x} + 83\,461,89\ \frac{p}{E} + 65,3333\ \frac{R_1}{Es}\ .$$

$$\frac{R_1}{E\,s} = -\ 2{,}21\,955\ \frac{S_0}{E\,s} +\ 13{,}99\,618\ \frac{M_0}{E\,s\,\varDelta x} +\ 6{,}04\,969\ \frac{p}{E},$$

$$\frac{R_2}{E\,s} = -\ 18{,}05\,628\ \frac{S_0}{E\,s} -\ 15{,}32\,849\ \frac{M_0}{E\,s\,\varDelta x} +\ 400{,}1464\ \frac{p}{E},$$

$$\frac{w_7}{\varDelta x} = -\ 3822{,}6496\ \frac{S_0}{E\,s} -\ 2809{,}7139\ \frac{M_0}{E\,s\,\varDelta x} +\ 83\,857{,}14\ \frac{p}{E}.$$

b) Deformationen und Radialkräfte R_1 und R_2 des Kesselmantels.

$$F_3 = 4{,}99\,949 \cdot 10^{-3} \qquad\qquad G_3 = F_4 = 2{,}49\,975 \cdot 10^{-3}$$

$$F_4 = 2{,}49\,975 \cdot 10^{-3} \qquad\qquad G_4 = \frac{F_4}{3} = 0{,}83\,325 \cdot 10^{-3}$$

$$H_1 = 32{,}6667$$
$$H_4 = 10{,}8889$$
$$\lambda\ = 7{,}45$$

$$\chi_7 = +\ 110{,}8\ \frac{S_7}{E\,s} - 116{,}3\ \frac{M_7}{E\,s\,\varDelta x},$$

$$\frac{w_7}{\varDelta x} = -\ 210\ \frac{S_7}{E\,s} + 110{,}8\ \frac{M_7}{E\,s\,\varDelta x} +\ 408\ \frac{p}{E}.$$

$$\frac{S_8}{E\,s} = +\ 2{,}32\,686\ \frac{S_7}{E\,s} -\ 0{,}84\,466\ \frac{M_7}{E\,s\,\varDelta x} -\ 2{,}25\,523\ \frac{p}{E},$$

$$\frac{M_8}{E\,s\,\varDelta x} = +\ 1{,}61\,727\ \frac{S_7}{E\,s} +\ 0{,}62\,612\ \frac{M_7}{E\,s\,\varDelta x} -\ 2{,}84\,231\ \frac{p}{E} + \frac{p_2}{E\,s},$$

$$\chi_8 = +\ 57{,}9691\ \frac{S_7}{E\,s} - 169{,}4200\ \frac{M_7}{E\,s\,\varDelta x} +\ 92{,}8489\ \frac{p}{E} +\ 32{,}6667\ \frac{R_2}{E\,s},$$

$$\frac{w_8}{\varDelta x} = -\ 303{,}1897\ \frac{S_7}{E\,s} + 255{,}6956\ \frac{M_7}{E\,s\,\varDelta x} +\ 377{,}0504\ \frac{p}{E} -\ 10{,}8889\ \frac{R_2}{E\,s}.$$

$$\frac{S_9}{E\,s} = +\ 3{,}98\,756\ \frac{S_7}{E\,s} -\ 2{,}54\,652\ \frac{M_7}{E\,s\,\varDelta x} -\ 3{,}98\,000\ \frac{p}{E} -\ 0{,}86\,390\ \frac{R_2}{E\,s},$$

$$\frac{M_9}{E\,s\,\varDelta x} = +\ 4{,}75\,033\ \frac{S_7}{E\,s} -\ 0{,}99\,889\ \frac{M_7}{E\,s\,\varDelta x} -\ 7{,}71\,330\ \frac{p}{E} -\ 1{,}94\,556\ \frac{R_2}{E\,s},$$

$$\chi_9 = -\ 150{,}0394\ \frac{S_7}{E\,s} - 157{,}2428\ \frac{M_7}{E\,s\,\varDelta x} +\ 437{,}6658\ \frac{p}{E} +\ 128{,}8884\ \frac{R_2}{E\,s},$$

$$\frac{w_9}{\varDelta x} = -\ 274{,}2123\ \frac{S_7}{E\,s} + 424{,}8743\ \frac{M_7}{E\,s\,\varDelta x} +\ 138{,}3129\ \frac{p}{E} -\ 86{,}5184\ \frac{R_2}{E\,s}.$$

$$\frac{S_{10}}{E\,s} = +\ 4{,}98\,342\ \frac{S_7}{E\,s} -\ 5{,}07\,874\ \frac{M_7}{E\,s\,\varDelta x} -\ 3{,}57\,743\ \frac{p}{E} -\ 0{,}10\,916\ \frac{R_2}{E\,s} - \frac{R_1}{E\,s},$$

$$\frac{M_{10}}{E\,s\,\varDelta x} = +\ 9{,}29\,833\ \frac{S_7}{E\,s} -\ 4{,}74\,611\ \frac{M_7}{E\,s\,\varDelta x} -\ 11{,}67\,436\ \frac{p}{E} -\ 2{,}48\,579\ \frac{R_2}{E\,s} - \frac{R_1}{E\,s},$$

$$\frac{w_{10}}{\varDelta x} = +\ 80{,}5274\ \frac{S_7}{E\,s} + 511{,}6814\ \frac{M_7}{E\,s\,\varDelta x} -\ 594{,}4525\ \frac{p}{E} - 284{,}8443\ \frac{R_2}{E\,s} -$$

$$-\ 10{,}8889\ \frac{R_1}{E\,s}.$$

$$\frac{S_7}{E\,s\,\Delta x} = + \quad 1{,}79\,502\;\frac{p}{E} + 0{,}513\,601\;\frac{R_2}{E\,s} + \quad 0{,}014\,111\;\frac{R_1}{E\,s},$$

$$\frac{M_7}{E\,s\,\Delta x} = + \quad 1{,}05\,694\;\frac{p}{E} + 0{,}482\,468\;\frac{R_1}{E\,s} - \quad 0{,}183\,053\;\frac{R_1}{E\,s}.$$

$$\frac{w_7}{\Delta x} = \quad 148{,}1549\;\frac{p}{E} - 54{,}3987\;\frac{R_2}{E\,s} - \quad 23{,}24\,558\;\frac{R_1}{E\,s}.$$

$$\frac{w_9}{\Delta x} = \quad 98{,}3342\;\frac{p}{E} - 20{,}9184\;\frac{R_2}{E\,s} - \quad 82{,}1931\;\frac{R_1}{E\,s}.$$

$$\frac{w_7}{\Delta x} = \quad 1033{,}8329\;\frac{S_0}{E\,s} + 508{,}5006\;\frac{M_0}{E\,s\,\Delta x} - 21\,759{,}92\;\frac{p}{E},$$

$$\frac{w_9}{\Delta x} = \quad 560{,}1402\;\frac{S_0}{E\,s} - 829{,}7419\;\frac{M_0}{E\,s\,\Delta x} - 8769{,}33\;\frac{p}{E}.$$

c) Deformationsgleichungen.

$$-3822{,}6496\;\frac{S_0}{E\,s} - 2806{,}7139\;\frac{M_0}{E\,s\,\Delta x} + 83\,857{,}14\;\frac{p}{E} = 1033{,}8325\;\frac{S_0}{E\,s} +$$
$$+ 508{,}5006\;\frac{M_0}{E\,s\,\Delta x} + 21\,759{,}92\;\frac{p}{E},$$

$$- 795{,}9845\;\frac{S_0}{E\,s} + 182{,}6518\;\frac{M_0}{E\,s\,\Delta x} + 15\,396{,}82\;\frac{p}{E} = 560{,}1402\;\frac{S_0}{E\,s} -$$
$$- 829{,}7419\;\frac{M_0}{E\,s\,\Delta x} - 8769{,}33\;\frac{p}{E}.$$

$$S_0 = 19{,}871\,628\;p \cdot s \qquad = 397{,}43\,256\ \text{kg/cm}$$
$$M_0 = 2{,}748\,194\;p \cdot s \cdot \Delta x = 256{,}49\,811\ \text{cm kg/cm}$$

$$R_1 = + 8{,}1568\ \text{kg/cm}$$
$$R_2 = - 15{,}739\ \text{kg/cm}$$

2. Ermittlung der Spannungen.

a) Krempe.

Stelle	N kg/cm	T kg/cm	M cm · kg/cm	σ_{Na} kg/cm²	σ_{Ni} kg/cm²	σ_{Ta} kg/cm²	σ_{Ti} kg/cm²
0	+ 479	− 542	+ 257	− 145	+ 624	− 362	− 175
1	+ 419	− 710	+ 434	− 442	+ 861	− 518	− 192
2	+ 379	− 721	+ 388	− 392	+ 771	− 506	− 215
3	+ 344	− 525	+ 237	− 183	+ 527	− 351	− 174
4	+ 320	− 185	− 14	+ 181	+ 139	− 87	− 98
5	+ 320	+ 198	− 278	+ 576	− 256	+ 203	− 5
6	+ 160	+ 319	− 188	+ 362	− 202	+ 230	+ 89
7	+ 0	+ 264	− 0	+ 0	− 0	+ 132	+ 132
7	+ 330	+ 339	+ 56	+ 81	+ 249	+ 149	+ 191
8	+ 165	+ 206	+ 54	+ 1	+ 164	+ 83	+ 123
9	+ 0	+ 115	+ 14	+ 21	− 21	+ 63	+ 53
10	+ 0	+ 63	+ 0	+ 0	− 0	+ 31	+ 31

b) Boden.

$$A^* = 40,75$$
$$B^* = 41,45$$

$K\,\varphi_0$	N kg/cm	T kg/cm	M cm·kg/cm
4,62	+ 479	− 466	+ 266
4,40	+ 523	− 306	+ 92
4,20	+ 559	− 151	− 22
4,00	+ 591	− 4	− 99
3,68	+ 633	+ 218	− 164
3,40	+ 661	+ 380	− 179
3,11	+ 681	+ 507	− 169
2,83	+ 693	+ 602	− 145
2,26	+ 702	+ 696	− 84
1,70	+ 699	+ 718	− 31
0,57	+ 687	+ 700	+ 10
0,00	+ 684	+ 684	+ 22

$K\,\varphi_0$	σ_{Na} kg/cm²	σ_{Ni} kg/cm²	σ_{Ta} kg/cm²	σ_{Ti} kg/cm²
4,62	− 160	+ 638	− 333	− 133
4,40	+ 123	+ 399	− 188	− 118
4,20	+ 311	+ 247	− 67	− 83
4,00	+ 444	+ 148	− 35	− 39
3,68	+ 562	+ 70	+ 171	+ 47
3,40	+ 599	+ 61	+ 257	+ 123
3,11	+ 593	+ 87	+ 316	+ 190
2,83	+ 563	+ 129	+ 355	+ 247
2,26	+ 476	+ 226	+ 379	+ 317
1,70	+ 398	+ 302	+ 371	+ 347
0,57	+ 328	+ 358	+ 346	+ 354
0,00	+ 310	+ 374	+ 334	+ 350

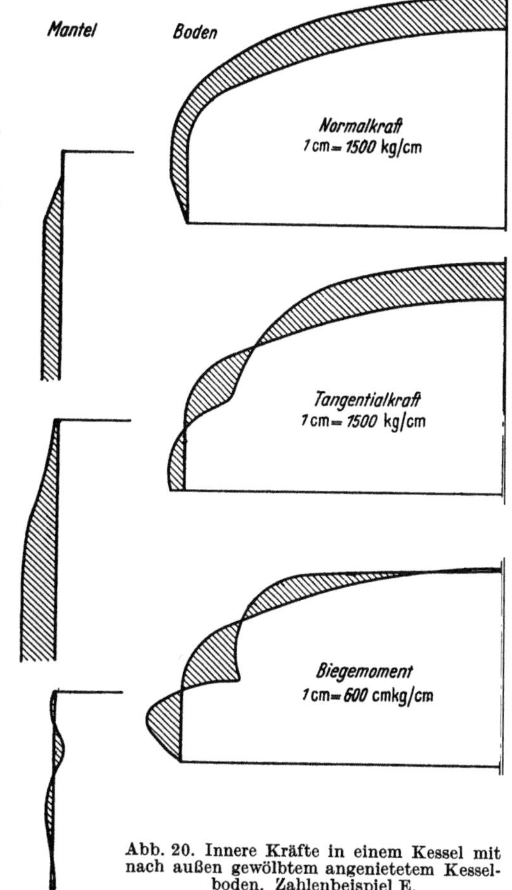

Abb. 20. Innere Kräfte in einem Kessel mit nach außen gewölbtem angenietetem Kesselboden. Zahlenbeispiel E.

c) Mantel.

x cm	N kg/cm	T kg/cm	M cm·kg/cm	σ_{Na} kg/cm²	σ_{Ni} kg/cm²	σ_{Ta} kg/cm²	σ_{Ti} kg/cm²
0,00	+ 330	+ 339	+ 56	+ 81	+ 249	+ 149	+ 191
2,18	+ 330	+ 400	+ 6	+ 157	+ 173	+ 198	+ 202
4,37	+ 330	+ 462	− 26	+ 204	+ 126	+ 241	+ 221
6,55	+ 330	+ 519	− 42	+ 228	+ 102	+ 276	+ 244
8,75	+ 330	+ 567	− 48	+ 237	+ 93	+ 302	+ 266
13,10	+ 330	+ 634	− 48	+ 237	+ 93	+ 302	+ 266
17,48	+ 330	+ 667	− 42	+ 227	+ 103	+ 333	+ 301
21,80	+ 330	+ 677	− 27	+ 205	+ 125	+ 344	+ 324
26,20	+ 330	+ 675	− 13	+ 185	+ 145	+ 344	+ 334
34,90	+ 330	+ 665	− 4	+ 171	+ 159	+ 340	+ 336
43,65	+ 330	+ 662	+ 2	+ 162	+ 168	+ 332	+ 334
52,40	+ 330	+ 661	+ 1	+ 163	+ 167	+ 330	+ 332

V. Vergleich der gerechneten Spannungen mit Messungen von Siebel.

Messungen von SIEBEL liegen nur für den nach außen gewölbten Kesselboden und für Durchbrüche mit und ohne Bördelrand vor.

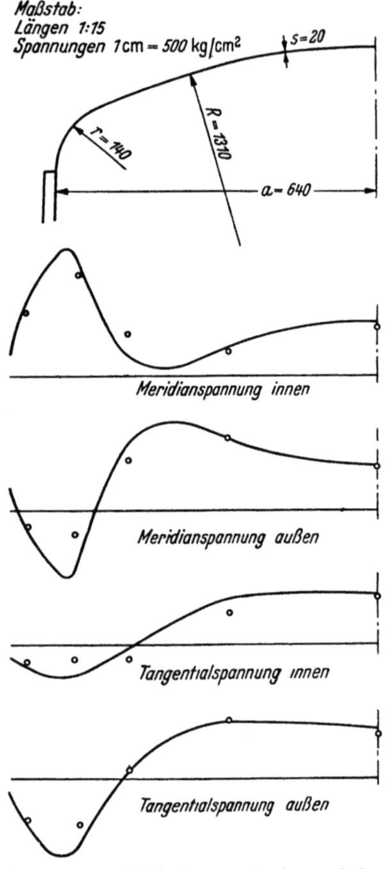

Abb. 21. Vergleich der gerechneten und der gemessenen Spannungen im nach außen gewölbtem angenieteten Kesselboden. Zahlenbeispiel E.

1. Nach außen gewölbter Kesselboden.

SIEBEL[1] berichtet über Spannungsmessungen an einem nach außen gewölbten Kesselboden, der dem Zahlenbeispiel E entspricht.

Die Meßergebnisse sind in Abb. 21 neben den gerechneten Spannungen aufgetragen. SIEBEL rechnet mit einer Meßungenauigkeit von 50 kg/cm² auf der Außenseite und von 150 kg/cm² auf der Innenseite und hält außerdem Auswertungsfehler von derselben Größenordnung für möglich, die so gerichtet sind, daß die Spannung an der Innenwand größer ist als von ihm angegeben.

Unter Berücksichtigung dieser Meß- und Auswertungsfehlermöglichkeiten stimmen Rechnung und Messung gut überein.

2. Durchbrüche mit und ohne Bördelrand.

SIEBEL[2] berichtet über Spannungsmessungen an Durchbrüchen in einem Kesselboden, die den Zahlenbeispielen C und D entsprechen.

Bei dem Durchbruch ohne Bördelrand, Zahlenbeispiel C, ergibt sich am Lochrand die gerechnete Spannung zu 1540 kg/cm² und die gemessene Spannung zu 1685 kg/cm². Bei dem Durchbruch mit Bördelrand, Zahlenbeispiel D, ergibt sich in 25 mm Abstand von Bodenmitte die gerechnete Spannung zu 1480 kg/cm² und die gemessene Spannung zu 1660 kg/cm².

Angaben über die Genauigkeit der Messungen enthält dieser Bericht von SIEBEL nicht. Da es sich hier um Modellversuche in kleinem Maßstab handelt, ist anzunehmen, daß die Meßfehler größer sind als bei den Großversuchen am nach außen gewölbten Kesselboden.

---

[1] SIEBEL, E., und F. KÖRBER, „Versuche über die Anstrengung und die Formänderungen gewölbter Kesselböden mit und ohne Mannloch bei der Beanspruchung durch inneren Druck", Mitteilungen aus dem Kaiser-Wilhelm-Institut für Eisenforschung Düsseldorf, Abhandlung 59. Seite 163. Form E, normaler Vollboden, Boden Nr. 11.

[2] SIEBEL, E., und F. KÖRBER, Modellversuche an Kesselböden mit Bohrungen und Mannlöchern", „Mitteilungen aus dem Kaiser-Wilhelm-Institut für Eisenforschung Düsseldorf, Abhandlung 73. Seite 21. Böden Nr. 15 und Nr. 18.

VI. Diskussion der Rechenergebnisse.

A. Nach außen gewölbter Boden, geschweißt. (Abb. 16.)

Normalkraft: Da der Radius der Kugelschale doppelt so groß ist wie der des Mantels, hat die reine Membrankraft in der Kugelschale den doppelten Wert wie im Mantel. Für die Normalkraft in der Krempe ergibt sich unabhängig vom Krempenradius ein Übergangswert zwischen Boden und Mantel.

Tangentialkraft: Die Membrankräfte in der Kugelschale und im Mantel sind gleich groß. Durch die Änderung der Normalkraft entsteht in der Krempe eine starke Störung, die auch noch auf die anschließenden Teile von Kugelschale und Mantel ausstrahlt. Die Normalkraft wirkt im Boden im wesentlichen radial. Die Abnahme der Radialkraft nach außen bedeutet, daß im Übergangsbereich an jedem Ring der Rotationsschale innen größere radiale Zugkräfte angreifen als außen. Dieser Zug nach innen ist so stark, daß der Kessel im Bereich der Krempe trotz des Innendrucks tangentiale Druckkräfte erfährt, die dieselbe Größenordnung haben wie die ungestörten Zugkräfte im Boden und Mantel.

Biegemoment: Ohne die Störung aus der Änderung der Normalkraft würde ein Biegemoment nicht auftreten. Die tangentialen Druckkräfte bedeuten, daß die Krempe gegenüber Boden und Mantel nach innen wandert. Die Gestalt des Kessels ändert sich; er wird verbogen. Das Biegemoment, das infolgedessen in der Krempe auftritt, löst innen Zug- und außen Druckspannungen aus. Da die Krempe biegesteif mit dem übrigen Kessel verbunden ist, ergeben sich im Boden und Mantel Einspannmomente, die wesentlich kleiner sind als das Krempenmoment selbst. Die weiteren Einspannmomente sind vernachlässigbar klein.

Die größte Spannung ergibt sich auf der Innenseite der Krempe aus der Überlagerung von Normal- und Biegespannung. Sie erreicht mit 854 kg/cm² den 2,5fachen Betrag der ungestörten Zugspannung im Boden.

Die größte Spannung im Mantel ergibt sich auf der Außenseite aus der Überlagerung von Normal- und Biegespannung. Sie erreicht mit 400 kg/cm² den 1,25fachen Betrag der ungestörten Tangentialspannung. Es ist also streng genommen falsch, bei geschweißten Kesseln den Mantel nach der tangentialen Zugspannung zu dimensionieren.

Je größer der Krempenradius und damit der Übergangsbereich zwischen Boden und Mantel ist, desto mehr nehmen die Störspannungen ab. Je breiter der Blechstreifen ist, der die tangentiale Druckkraft aufnimmt, um so kleiner werden die Druckspannungen, weil der entlastende Anteil des Innendrucks und die Verteilungsfläche für die resultierende tangentiale Druckkraft größer ist. Diese ist in erster Ordnung nicht vom Krempenradius, sondern nur vom Unterschied der Normalkräfte im Boden und Mantel, also vom Verhältnis der beiden Radien abhängig. Das Biegemoment wird bei größerem Krempenradius kleiner, weil den kleineren Tangentialspannungen eine geringere Durchbiegung entspricht und weil der größere Übergangsbereich eine größere Stützweite bedeutet. Das Spannungsmaximum ist demnach empfindlich gegen eine Änderung des Krempenradius.

B. Nach innen gewölbter Boden, genietet. (Abb. 17.)

Normalkraft: Die Normalkraft schlägt von der Druckkraft in der nach innen gewölbten Kugelschale um in die halb so große Zugkraft im Mantel. Sie ändert also nicht nur die Größe, sondern auch das Vorzeichen. Der Nullwert liegt im Bereich des Krempenscheitels.

Tangentialkraft: Dadurch, daß die im wesentlichen radial wirkende Bodennormalkraft nach außen zu abnimmt, greifen im Bereich der Krempe an jedem Ring der Rotationsschale innen viel größere radiale Druckkräfte an als außen. Dieser Druck nach außen ist so stark, daß die Krempe tangentiale Zugspannungen erfährt, die ein Vielfaches von den ungestörten Spannungen im Boden betragen.

Biegemoment: Die tangentialen Zugkräfte bedeuten, daß die Krempe gegenüber Boden und Mantel nach außen wandert. Im Scheitel der Krempe, wo die Tangente senkrecht zur Rotationsachse steht, wäre ein Biegemoment ohne Einfluß auf die radiale Durchbiegung; die Momentenkurve geht hier durch Null. Da hier auch die Normalkraft durch Null geht, wird nur eine Querkraft übertragen, die durch die Bedingung bestimmt ist, daß dem Innendruck auf den Boden bis zur Schnittstelle das Gleichgewicht gehalten werden muß; sie wirkt also am Boden nach innen und am Mantelansatz nach außen. Im Bereich vom Scheitel zum Mantel treten durch die Querkraft ausgelöst und durch den Innendruck verstärkt entsprechend der radialen Verschiebung der Krempe innen Zug- und außen Druckspannungen auf. Im Bereich vom Scheitel zum Boden treten, durch die Querkraft ausgelöst und durch den Innendruck abgeschwächt, entsprechend der radialen Verschiebung der Krempe innen Druck- und außen Zugspannungen auf. Diese Biegemomente des Störbereichs werden durch die Tangentialkräfte allmählich abgebaut. Das positive Biegemoment im Mantelansatz ist viel größer und klingt viel schneller ab als das negative im Boden, weil die auf Ausbiegung beanspruchte Mantellinie parallel zur Rotationsachse verläuft und infolgedessen die radiale Verschiebung der Krempe in ihrer ganzen Größe, nicht nur eine Komponente wie im Boden, verbiegend wirkt und die Einspannung durch die Tangentialkräfte ihren größtmöglichen Wert hat.

Die größte Spannung ergibt sich zwischen Krempenscheitel und Mantel auf der Innenseite aus der Überlagerung von Normal- und Biegespannung. Sie erreicht mit 2324 kg/cm² den 12fachen Wert der ungestörten Zugspannung im Boden.

Je größer der Krempenradius und damit der Übergangsbereich zwischen Boden und Mantel ist, desto mehr nehmen die Störspannungen zu. Je größer die Abstände vom Krempenscheitel zum Mantel und zur Kugelschale sind, um so größer werden die Hebelarme der Querkräfte, d. h. die Biegemomente. Größere Biegemomente bedingen eine Vergrößerung der Deformationen, der radialen Verschiebung der Krempe nach außen und damit der tangentialen Zugspannungen. Deren Anwachsen ist aber begrenzt, weil die resultierende tangentiale Zugkraft im Störbereich in erster Ordnung nicht vom Krempenradius, sondern nur von Boden- und Mantelradius abhängig und infolgedessen nahezu konstant ist. Die Vergrößerung der an der Aufnahme der Tangentialkraft beteiligten Krempenfläche hat im Gegenteil die Tendenz, die Tangentialspannung zu vermindern. Diese Tendenz wird aber kaum wirksam, weil die tangentiale Störspannung sich über einen Bereich erstreckt, der weit über die Krempe hinausgeht. Das verhältnismäßig geringe Anwachsen der Tangentialspannungen ist dadurch möglich, daß infolge der stärkeren Verbiegung der Störzone nur ein entsprechend schmälerer Blechstreifen auf Zug beansprucht wird. Dadurch, daß die Tangentialspannungen nur wenig größer werden können, ist auch das Anwachsen des Biegemomentes beschränkt. Das Spannungsmaximum ist gegen eine Änderung des Krempenradius nicht sehr empfindlich.

C. Durchbruch ohne Bördelrand. (Abb. 18.)

Die Auflagerungskräfte des Deckels greifen gleichmäßig verteilt am Rand des Durchbruchs an. Die Normalkraft im Boden nimmt bis zum Rand des Durchbruchs auf Null ab. Das bedeutet nach außen gerichtete radiale Kräfte, die so große tangentiale Kräfte auslösen, daß die Tangentialspannung am Lochrand auf den 3,85fachen Wert der ungestörten Spannung ansteigt. Man kann sich das Verschwinden der Normalkraft am Lochrand auch entstanden denken durch eine Überlagerung der Membrankräfte mit einer Störbelastung aus radialen Druckkräften. Dann wird es klar, daß der Lochrand nach außen ausweichen muß, also im Bereich des Durchbruchs ein positives Biegemoment auftritt. Die Spannungen, die sich auf der Innenseite des Bodens aus der Überlagerung der Normal- und Biegespannung ergeben, sind viel kleiner als die Tangentialspannungen am Lochrand.

D. Durchbruch mit Bördelrand. (Abb. 19.)

Normalkraft: Die ungestörte Zugkraft im Boden klingt gegen den Durchbruch zu allmählich ab, geht im Bördelrand durch Null und schlägt dann um in eine kleine Druckkraft, die der Randauflagerung des Deckels, d. h. dem Druck auf das Bodenstück von der lichten Weite des Durchbruchs entspricht.

Tangentialkraft und Biegemoment: Man kann sich ähnlich wie beim Durchbruch ohne Bördelrand das Abklingen der Normalkräfte vorstellen als eine Überlagerung der Membrankräfte der Kugelschale mit einer Störbelastung aus radial nach außen gerichteten Druckkräften am Ende der Kugelschale, also im Übergang von der Kugelschale zum Bördelrand. Daraus ergibt sich auch hier am Ende der Kugelschale eine tangentiale Zugkraft und ein positives Biegemoment, das den Boden hochbiegt. Infolge der hiermit verbundenen Verdrehung nähert sich das freie Ende des Bördelrandes der Rotationsachse; der Umfang wird kleiner, es werden tangentiale Druckspannungen ausgelöst, die sich der Verschiebung nach innen hindernd in den Weg stellen. Dabei wird der Rand zurückgebogen, so daß in der Bördelung ein negatives Biegemoment auftritt, das auch als Einspannmoment des primären Momentes am Ende der Kugelhaube aufgefaßt werden kann.

Die größten Spannungen sind die tangentialen Zugspannungen im Übergang von der Kugelschale zum Bördelrand. Sie erreichen mit 1480 kg/cm² den 3,70fachen Betrag der ungestörten Zugspannungen im Boden. Die tangentialen Druckspannungen am freien Ende des Bördelrandes sind nur wenig kleiner.

Bei den Zahlenbeispielen C und D sind die Lichtweiten der Durchbrüche genau und die Größtwerte der Spannungen fast gleich groß. Verstärkung durch einen Bördelrand bringt also infolge der Exzentrizität kaum eine Verbesserung der Spannungsverhältnisse.

E. Zweireihige Nietnaht. (Abb. 20.)

Die Abmessungen des Kesselbodens sind die gleichen wie beim geschweißten Kessel des Zahlenbeispiels A. Die inneren Kräfte im Kesselboden sind in beiden Fällen fast gleich groß.

Normalkraft: Die Normalkraft in der Nietnaht ist ihrer Größe nach statisch bestimmt; ihre Verteilung ist durch die im Rechenverfahren begründeten Annahmen festgelegt.

Tangentialkraft: Die Tangentialkräfte in der Bördelung und im Mantel sind infolge der Doppelung verhältnismäßig klein.

Biegemoment: In der Bördelung des Kesselbodens ist infolge des exzentrischen Angriffs der Längskraft das Einspannmoment zu dem primären Biegemoment in der Krempe erheblich größer als das entsprechende Moment im Mantel des geschweißten Kessels. Im Mantel überwiegt das geringe und schnell abklingende Biegemoment aus dem exzentrischen Angriff der Längskraft den kleinen Teil des Einspannmomentes, der durch die radialen Nietkräfte übertragen wird.

Die Radialkräfte in der Nietnaht sind sehr klein: Die Zugkraft in der oberen Nietreihe beträgt 8 kg/cm, die Druckkraft am Ende des zylindrischen Kesselbodenansatzes 16 kg/cm.

Die Überlagerung von Normal- und Biegespannungen im Mantel gibt kleinere Werte als die Tangentialspannungen, so daß beim genieteten Kessel der Mantel nach der tangentialen Zugspannung dimensioniert werden darf.

Literaturverzeichnis.

Flügge, W., Statik und Dynamik der Schalen, Berlin: Springer 1934.

Schilhansl, M., Beitrag zur Berechnung von Flanschverbindungen, Wasserkraft und Wasserwirtschaft, München: Oldenburg 1941.

Siebel, E., und F. Körber, Versuche über die Anstrengungen und die Formänderungen gewölbter Kesselböden mit und ohne Mannloch bei der Beanspruchung durch inneren Druck, Mitteilungen aus dem Kaiser-Wilhelm-Institut für Eisenforschung zu Düsseldorf, Band VII, Lieferung 10, und Band VIII, Lieferung 1, Düsseldorf: Stahleisen 1926.

Siebel, E., und F. Körber, Modellversuche an Kesselböden mit Bohrungen und Mannlöchern, Mitteilungen aus dem Kaiser-Wilhelm-Institut für Eisenforschung zu Düsseldorf, Band IX, Lieferung 2, Düsseldorf: Stahleisen 1927.

Hayashi, K., Fünfstellige Funktionentafeln, Berlin: Springer 1930.

Geckeler, J., Über die Festigkeit achsensymmetrischer Schalen, Forschungsarbeiten auf dem Gebiet des Ingenieurwesens, Heft 276, Berlin: VDI Verlag 1926.

Tabelle 1

Beiwerte für die Integrationskonstanten der am Außenrand belasteten Kugelschale.

$K\varphi_0$	$K\sqrt{2}\,\varphi_0$	A_1	A_2	B_1	B_2
0,07	0,10	+ 0,004	+ 3,794	+ 1,414	− 0,004
0,14	0,20	+ 0,013	+ 3,794	+ 1,413	− 0,019
0,28	0,40	+ 0,073	+ 3,793	+ 1,413	− 0,075
0,57	0,80	+ 0,292	+ 3,765	+ 1,393	− 0,301
0,85	1,20	+ 0,641	+ 3,651	+ 1,313	− 0,663
1,13	1,60	+ 1,066	+ 3,365	+ 1,112	− 1,108
1,41	2,00	+ 1,461	+ 2,852	+ 0,313	− 1,533
1,70	2,40	+ 1,695	+ 2,151	+ 0,155	− 1,815
1,98	2,80	+ 1,694	+ 1,397	− 0,231	− 1,877
2,26	3,20	+ 1,478	+ 0,698	− 0,657	− 1,735
2,55	3,60	+ 1,129	+ 0,171	− 0,939	− 1,460
2,83	4,00	+ 0,735	− 0,177	− 1,065	− 1,133
3,11	4,40	+ 0,363	− 0,373	− 1,059	− 0,811
3,39	4,80	+ 0,053	− 0,451	− 0,953	− 0,527
3,68	5,20	− 0,176	− 0,450	− 0,787	− 0,297
3,96	5,60	− 0,323	− 0,399	− 0,594	− 0,126
4,24	6,00	− 0,394	− 0,324	− 0,401	− 0,008
4,40	6,22	− 0,404	− 0,281	− 0,303	+ 0,034
4,60	6,51	− 0,393	− 0,224	− 0,192	+ 0,069
4,80	6,79	− 0,367	− 0,171	− 0,098	+ 0,090
5,00	7,07	− 0,330	− 0,125	− 0,022	+ 0,101
5,20	7,35	− 0,283	− 0,085	+ 0,037	+ 0,103
5,40	7,64	− 0,234	− 0,052	+ 0,080	+ 0,098
5,60	7,92	− 0,184	− 0,026	+ 0,107	+ 0,088
6,80	8,20	− 0,137	− 0,007	+ 0,122	+ 0,076
6,00	8,49	− 0,095	+ 0,007	+ 0,126	+ 0,063
6,50	9,19	− 0,016	+ 0,023	+ 0,106	+ 0,033
7,00	9,90	+ 0,025	+ 0,022	+ 0,068	+ 0,011
7,50	10,61	+ 0,036	+ 0,015	+ 0,032	− 0,000
8,00	11,31	+ 0,031	+ 0,008	+ 0,007	− 0,005
8,50	12,02	+ 0,020	+ 0,003	− 0,005	− 0,005
9,00	12,73	+ 0,010	+ 0,000	− 0,010	− 0,003
9,50	13,44	+ 0,002	+ 0,001	− 0,009	− 0,002
10,00	14,14	+ 0,001	+ 0,001	− 0,006	− 0,000

Die Werte für $K\varphi_0 < 4$ sind nach den Formeln der genauen Darstellung (Gl. 22), die für $K\varphi_0 > 5$ sind nach den Formeln der asymptotischen Darstellung (Gl. 30) gerechnet. Der Übergang ist vermittelt.

Tabelle 2.

Beiwerte für den Verlauf der inneren Kräfte in der am Außenrand belasteten Kugelschale.

$K\varphi$	$K\sqrt{2}\,\varphi$	n_a	n_b	t_a	t_b	m_a	m_b
0,07	0,10	+ 0,0008	+ 0,7071	+ 0,0027	+ 0,7071	+ 0,2635	− 0,0009
0,14	0,20	+ 0,0035	+ 0,7071	+ 0,0106	+ 0,7071	+ 0,2635	− 0,0034
0,28	0,40	+ 0,0141	+ 0,7070	+ 0,0424	+ 0,7066	+ 0,2634	− 0,0137
0,57	0,80	+ 0,0566	+ 0,7056	+ 0,1696	+ 0,6996	+ 0,2612	− 0,0548
0,85	1,20	+ 0,1271	+ 0,6995	+ 0,3802	+ 0,6690	+ 0,2516	− 0,1228

Fortsetzung Tabelle 2.

$K\,\varphi$	$K\sqrt{2}\,\varphi$	n_a		n_b		t_a		t_b		m_a		m_b	
1,13	1,60	+	0,2250	+	0,6830	+	0,6698	+	0,5868	+	0,2258	—	0,2165
1,41	2,00	+	0,3487	+	0,6484	+	1,0274	+	0,4147	+	0,1762	—	0,3329
1,70	2,40	+	0,4947	+	0,5859	+	1,4254	+	0,1065	+	0,0752	—	0,4618
1,98	2,80	+	0,6563	+	0,4844	+	1,8228	—	0,3722	—	0,0809	—	0,5923
2,26	3,20	+	0,8235	+	0,3314	+	2,1485	—	1,1296	—	0,3121	—	0,7019
2,55	3,60	+	0,9813	+	0,1153	+	2,2994	—	2,1456	—	0,6310	—	0,7587
2,83	4,00	+	1,1081	—	0,1736	+	2,1341	—	3,4515	—	1,0420	—	0,7189
3,11	4,40	+	1,1759	—	0,5410	+	1,4727	—	5,0144	—	1,5352	—	0,5265
3,39	4,80	+	1,1491	—	0,9846	+	0,1007	—	6,7273	—	2,0789	—	0,1155
3,68	5,20	+	0,9865	—	1,4915	—	2,2108	—	8,3804	—	2,6097	+	0,5856
3,96	5,60	+	0,6416	—	2,0314	—	5,6759	—	9,6304	—	3,0228	+	1,6943
4,24	6,00	+	0,0691	—	2,5565	—	10,4419	—	9,9705	—	3,1632	+	3,1080
4,40	6,22	—	0,350	—	2,841	—	13,83	—	9,58	—	3,080	+	4,14
4,60	6,51	—	1,005	—	3,160	—	18,73	—	8,29	—	2,703	+	5,65
4,80	6,79	—	1,821	—	3,381	—	24,10	—	5,74	—	1,925	+	7,33
5,00	7,07	—	2,809	—	3,437	—	29,89	—	1,43	—	0,593	+	9,10
5,20	7,35	—	3,954	—	3,261	—	35,56	+	5,21	+	1,427	+	10,85
5,40	7,64	—	5,221	—	2,788	—	40,64	+	14,53	+	4,246	+	12,43
5,60	7,92	—	6,559	—	1,961	—	44,43	+	26,73	+	7,941	+	13,63
5,80	8,20	—	7,900	—	0,717	—	46,04	+	42,02	+	12,582	+	14,17
6,00	8,49	—	9,154	+	1,006	—	44,31	+	60,46	+	18,187	+	13,71
6,50	9,19	—	10,040	+	7,708	—	16,14	+	118,01	+	35,751	+	5,36
7,00	9,90	—	8,841	+	17,788	+	67,08	+	177,51	+	54,064	—	19,67
7,50	10,61	+	1,143	+	29,508	+	229,31	+	197,99	+	60,777	—	68,75
8,00	11,31	+	22,674	+	37,936	+	473,55	+	103,12	+	32,82	—	142,94
8,50	12,02	+	57,333	+	33,753	+	745,58	—	217,32	—	63,27	—	226,13
9,00	12,73	+	100,626	+	3,240	+	884,40	—	878,19	—	262,56	—	269,95
9,50	13,44	+	136,610	—	69,036	+	573,7	—	1919,1	—	577,71	—	178,98
10,00	14,14	+	132,487	—	192,469	—	666,0	—	3153,3	—	953,47	+	191,86

Die Werte für $K\,\varphi < 4$ sind nach den Formeln der genauen Darstellung (Gl. 27), die für $K\,\varphi > 5$ sind nach den Formeln der asymptotischen Darstellung (Gl. 32) gerechnet. Der Übergang ist vermittelt.

Tabelle 3.

Beiwerte für die Integrationskonstanten der am Innenrand belasteten Kugelschale.

$K\,\varphi_0$	$K\sqrt{2}\,\varphi_0$	C_1		C_2		D_1		D_2	
0,07	0,10	—	0,000 196	+	0,0493	—	0,011 15	+	0,000 72
0,14	0,20	—	0,002 111	+	0,1943	—	0,045 22	+	0,008 79
0,28	0,40	—	0,018 04	+	0,7377	—	0,191 3	+	0,097 06
0,57	0,80	—	0,072 19	+	2,570	—	0,926 2	+	0,934 5
0,85	1,20	+	0,141 7	+	4,887	—	2,599	+	3,304
1,13	1,60	+	1,422	+	6,916	—	5,619	+	7,926
1,41	2,00	+	5,190	+	7,479	—	10,14	+	15,42
1,70	2,40	+	13,58	+	4,779	—	15,60	+	26,07
1,98	2,80	+	29,40	—	3,644	—	20,11	+	39,55
2,26	3,20	+	55,73	—	20,90	—	19,65	+	54,38
2,55	3,60	+	94,95	—	50,46	—	6 91	+	67,27
2,83	4,00	+	147,3	—	95,60	+	29,34	+	72,56
3,11	4,40	+	207,4	—	158,2	+	105,0	+	61,53
3,39	4,80	+	261,3	—	237,3	+	239,8	+	21,96

Fortsetzung Tabelle 3.

$K\varphi_0$	$K\sqrt{2}\varphi_0$	C_1	C_2	D_1	D_2
3,68	5,20	+ 281,7	— 327,3	+ 455,3	— 62,06
3,96	5,60	+ 218,8	— 413,7	+ 769,4	— 208,9
4,24	6,00	+ 1,0	— 471,1	+ 1 182	— 436,4
4,40	6,22	— 220	— 487	+ 1 470	— 613
4,60	6,51	— 647	— 470	+ 1 900	— 892
4,80	6,79	— 1 291	— 375	+ 2 337	— 1 293
5,00	7,07	— 2 218	— 166	+ 2 677	— 1 594
5,20	7,35	— 3 491	+ 189	+ 2 841	— 1 989
5,40	7,64	— 5 148	+ 723	+ 2 700	— 2 381
5,60	7,92	— 7 198	+ 1 471	+ 2 091	— 2 726
5,80	8,20	— 9 615	+ 2 467	+ 794	— 2 960
6,00	8,49	— 12 310	+ 3 737	— 1 457	— 2 997
6,50	9,19	— 18 770	+ 8 107	— 13 350	— 1 441
7,00	9,90	— 18 530	+ 13 430	— 38 170	+ 4 511
7,50	10,61	+ 3 690	+ 16 380	— 77 510	+ 17 700
8,00	11,31	+ 73 370	+ 10 040	— 120 300	+ 39 860
8,50	12,02	+ 220 500	— 17 530	— 127 200	+ 67 710
9,00	12,73	+ 457 100	— 81 250	— 10 760	+ 86 640
9,50	13,44	+ 726 700	— 191 300	+ 374 900	+ 62 870
10,00	14,14	+ 815 800	— 335 400	+ 1 206 000	— 61 900

Die Werte für $K\varphi_0 < 4$ sind nach den Formeln der genauen Darstellung (Gl. 38), die für $K\varphi_0 > 5$ nach den Formeln der asymptotischen Darstellung (Gl. 46) gerechnet. Der Übergang ist vermittelt.

Tabelle 4.

Beiwerte für den Verlauf der inneren Kräfte in der am Innenrand belasteten Kugelschale.

$K\varphi$	$K\sqrt{2}\varphi$	n_c	n_d	t_c	t_d	m_c	m_d
0,07	0,10	+1,31424	—89,68095	+0,86496	+90,41879	+20,26127	—0,35583
0,14	0,20	+1,00354	—22,16129	+0,55685	+22,84358	+ 5,15878	—0,24081
0,28	0,40	+0,69665	— 5,29409	+0,26006	+ 5,92766	+ 1,37268	—0,12081
0,57	0,80	+0,40406	— 1,11114	+0,00369	+ 1,62105	+ 0,40048	—0,03122
0,85	1,20	+0,25094	— 0,37111	—0,09884	+ 0,75478	+ 0,19737	+0,01076
1,13	1,60	+0,15807	— 0,13792	—0,13463	+ 0,41033	+ 0,11206	+0,02836
1,41	2,00	+0,09895	— 0,04798	—0,13644	+ 0,23022	+ 0,06506	+0,03330
1,70	2,40	+0,06081	— 0,01115	—0,12148	+ 0,12484	+ 0,03639	+0,03169
1,98	2,80	+0,03629	+ 0,003344	—0,09957	+ 0,06105	+ 0,01184	+0,02698
2,26	3,20	+0,02075	+ 0,007977	—0,07653	+ 0,02316	+ 0,007501	+0,02127
2,55	3,60	+0,01141	+ 0,008356	—0,05553·	+ 0,00175	+ 0,001145	+0,01573
2,83	4,00	+0,005378	+ 0,007085	—0,03796	— 0,00906	— 0,002175	+0,01092
3,11	4,40	+0,002096	+ 0,005387	—0,02423	— 0,01333	— 0,003575	+0,007063
3,39	4,80	+0,000350	+ 0,003789	—0,01408	— 0,01378	— 0,003829	+0,004173
3,68	5,20	—0,000471	+ 0,002488	—0,00706	— 0,01223	— 0,003461	+0,002142
3,96	5,60	—0,000766	+ 0,001518	—0,00250	— 0,00984	— 0,002823	+0,000802
4,24	6,00	—0,000783	+ 0,000846	—0,00018	— 0,00733	— 0,002125	+0,000001
4,40	6,22	—0,000729	+ 0,000581	+0,00106	— 0,00602	— 0,001755	—0,000258
4,60	6,51	—0,000626	+ 0,000331	+0,00169	— 0,00452	— 0,001330	—0,000449
4,80	6,79	—0,000512	+ 0,000158	+0,00197	— 0,00326	— 0,000970	—0,000537
5,00	7,07	—0,000405	+ 0,000043	+0,00202	— 0,00224	— 0,000677	—0,000562
5,20	7,35	—0,000311	— 0,000029	+0,00193	— 0,00145	— 0,000444	—0,000545
5,40	7,64	—0,00023105	— 0,000070	+0,00174	— 0,00083	— 0,000262	—0,000500

Fortsetzung Tabelle 4.

$K\varphi$	$K\sqrt{2}\,\varphi$	n_c	n_d	t_c	t_d	m_c	m_d
5,60	7,92	—0,00016476	— 0,00008892	+0,00150	— 0,00038	— 0,000126	—0,000435
5,80	8,20	—0,00011170	— 0,00009312	+0,0012438	— 0,0000612	— 0,00002998	—0,00036286
6,00	8,49	—0,00007079	— 0,00008828	+0,0009898	+ 0,0001491	+ 0,00003441	—0,00029079
6,50	9,19	—0,00001065	— 0,00005993	+0,0004641	+ 0,0003503	+ 0,00009869	—0,00013878
7,00	9,90	+0,00001052	— 0,00003131	+0,0001403	+ 0,0003085	+ 0,00008900	—0,00004320
7,50	10,61	+0,00001326	— 0,00001227	—0,0000140	+ 0,0001976	+ 0,00005808	+0,00000277
8,00	11,31	+0,00000965	— 0,00000243	—0,0000626	+ 0,0000978	+ 0,00002912	+0,00001776
8,50	12,02	+0,00000533	+ 0,00000138	—0,0000597	+ 0,0000329	+ 0,00001002	+0,00001737
9,00	12,73	+0,00000224	+ 0,00000210	—0,0000400	+ 0,0000002	+ 0,00000028	+0,00001180
9,50	13,44	+0,00000054	+ 0,00000163	—0,0000208	— 0,0000112	— 0,00000320	+0,00000619
10,00	14,14	—0,00000017	+ 0,00000095	—0,0000076	— 0,0000117	— 0,00000340	+0,00000230

Die Werte für $K\varphi < 4$ sind nach den Formeln der genauen Darstellung (Gl. 43), die
für $K\varphi > 5,6$ sind nach den Formeln der asymptotischen Darstellung (Gl. 48) gerechnet.
Der Übergang ist vermittelt.

Tabelle 5.

Beiwerte für den Verlauf der inneren Kräfte in der am Rand belasteten Kreis-
zylinderschale.

$\dfrac{\lambda \cdot x}{a}$	t_q	t_m	m_q	m_m
0,00	+ 3,3541	+ 3,3541	+ 0,000000	+ 1,000000
0,25	+ 2,5309	+ 1,8847	+ 0,192675	+ 0,947260
0,50	+ 1,7853	+ 0,8100	+ 0,290785	+ 0,823070
0,75	+ 1,1593	+ 0,0793	+ 0,321986	+ 0,667610
1,00	+ 0,6667	— 0,3716	+ 0,309560	+ 0,508330
1,25	+ 0,3030	— 0,6089	+ 0,396883	+ 0,362220
1,50	+ 0,0529	— 0,6936	+ 0,222573	+ 0,238360
1,75	— 0,1039	— 0,6774	+ 0,170989	+ 0,140010
2,00	— 0,1889	— 0,6017	+ 0,123066	+ 0,066743
2,25	— 0,2221	— 0,4971	+ 0,082008	+ 0,015799
2,50	— 0,2206	— 0,3853	+ 0,049125	— 0,016636
2,75	— 0,1982	— 0,2800	+ 0,024402	— 0,034690
3,00	— 0,1653	— 0,1889	+ 0,007026	— 0,042262
3,25	— 0,1287	— 0,1152	— 0,004195	— 0,042742
3,50	— 0,0948	— 0,0593	— 0,010592	— 0,038871
3,75	— 0,0647	— 0,0196	— 0,013442	— 0,032740
4,00	— 0,0402	+ 0,0066	— 0,013862	— 0,025834
4,25	— 0,0213	+ 0,0215	— 0,012766	— 0,019129
4,50	— 0,0079	+ 0,0286	— 0,010859	— 0,013201
4,75	+ 0,0011	+ 0,0301	— 0,008645	— 0,008320
5,00	+ 0,0064	+ 0,0281	— 0,006461	— 0,004550
5,25	+ 0,0090	+ 0,0241	— 0,004507	— 0,001820
5,50	+ 0,0097	+ 0,0194	— 0,002883	+ 0,000013
5,75	+ 0,0092	+ 0,0146	— 0,001618	+ 0,001123
6,00	+ 0,0080	+ 0,0103	— 0,000693	+ 0,001687
6,25	+ 0,0065	+ 0,0067	— 0,000064	+ 0,001865
6,50	+ 0,0049	+ 0,0038	+ 0,000323	+ 0,001792
6,75	+ 0,0035	+ 0,0017	+ 0,000527	+ 0,001573
7,00	+ 0,0023	+ 0,0003	+ 0,000599	+ 0,001287
7,25	+ 0,0014	— 0,0006	+ 0,000588	+ 0,000988
7,50	+ 0,0006	— 0,0011	+ 0,000519	+ 0,000711
7,75	+ 0,0002	— 0,0013	+ 0,000428	+ 0,000473
8,00	— 0,0002	— 0,0013	+ 0,000332	+ 0,000283

Gedruckt im Druckhaus Tempelhof, Berlin.